PARALLÈLE

DES

EAUX MINÉRALES

DE FRANCE ET D'ALLEMAGNE

GUIDE PRATIQUE

DU MÉDECIN ET DU MALADE

PAR

ERNEST BARRAULT

Rédacteur scientifique de la *Gazette des Eaux*

AVEC UNE INTRODUCTION

Par M. le Dr DURAND FARDEL

PARIS

LIBRAIRIE J. B. BAILLIÈRE ET FILS

19, Rue Hautefeuille, près du boulevard Saint-Germain

1872

LES

EAUX MINÉRALES

DE FRANCE ET D'ALLEMAGNE

CORBEIL. — TYP. ET STÉR. DE CRÉTÉ FILS.

PARALLÈLE

DES

EAUX MINÉRALES

DE FRANCE ET D'ALLEMAGNE

GUIDE PRATIQUE

DU MÉDECIN ET DU MALADE

PAR

ERNEST BARRAULT

Rédacteur scientifique de la *Gazette des Eaux*

AVEC UNE INTRODUCTION

Par M. le Dr DURAND FARDEL

———

PARIS

LIBRAIRIE J. B. BAILLIÈRE et FILS

19, Rue Hautefeuille, près du boulevard Saint-Germain

1872

A M. LE DOCTEUR

.Max. DURAND-FARDEL

PRÉSIDENT HONORAIRE
DE LA SOCIÉTÉ D'HYDROLOGIE MÉDICALE DE PARIS,
MÉDECIN - INSPECTEUR DES SOURCES D'HAUTERIVE
A VICHY.

MONSIEUR,

De tous les médecins de notre pays, vous êtes sûrement celui qui a le plus fait pour le progrès et pour la vulgarisation de l'étude des eaux minérales appliquées à la thérapeutique. Aussi, est-ce principalement dans vos ouvrages, et par les discussions que vous avez dirigées ou auxquelles vous avez pris une part si active, que j'ai acquis les quelques connaissances que je puis posséder en hydrologie médicale.

A ce double titre, je tiens pour un honneur extrême de pouvoir inscrire votre nom en tête de ces pages.

Je sais trop combien je suis redevable à vos travaux, dont vous retrouverez, en maints passages de ce livre, l'esprit et, parfois, les termes mêmes, pour que ce ne me soit pas un vif motif de satisfaction que de concilier, en cette occasion, les devoirs de la justice avec ceux de la reconnaissance.

Davantage encore, je reste votre obligé, Monsieur, puisque vous voulez bien me donner le moyen de poursuivre la revendication que j'entreprends, en faveur des eaux minérales françaises, avec l'approbation de votre talent et, en quelque sorte, sous l'autorité de votre nom.

ERN. BARRAULT.

1er mai 1872.

INTRODUCTION

PAR

M. LE DOCTEUR DURAND-FARDEL

PRÉSIDENT HONORAIRE DE LA SOCIÉTÉ D'HYDROLOGIE MÉDICALE DE PARIS

La matière médicale offre à la thérapeutique des ressources effectives et multipliées, au sujet d'un grand nombre d'états organiques ou fonctionnels qui figurent parmi les maladies chroniques. Mais ce qui domine les maladies chroniques dans leurs manifestations, dans leur origine et dans leur évolution, ce sont les états constitutionnels et diathésiques, à types caractérisés ou à formes indéterminées, héréditaires, innés ou acquis, états pathologiques formels ou simples aberrations physiologiques, lesquels, en dehors de la maladie, marquent les organismes d'une empreinte vague ou significative, et, dans la maladie, commandent la séméiologie, le pronostic et l'indication thérapeutique.

Or la thérapeutique des maladies chroniques, envisagée dans ce sujet, qui n'est autre que la patho-

génie, est tout entière dans les eaux minérales, l'hydrothérapie et les grands modificateurs hygiéniques.

Nous pouvons y ajouter la médication marine, qui
se rattache aux eaux minérales par la constitution
chimique des bains de mer, à l'hydrothérapie par
leur mode habituel d'administration, à l'hygiène par
le milieu atmosphérique qui en est inséparable.

Les eaux minérales, dont l'usage est également
un composé de modificateurs thérapeutiques et hygiéniques, représentent la grande médication des
maladies chroniques. Il y a peu de temps encore,
elles ne constituaient qu'une médication exceptionnelle, réservée aux caprices du loisir ou bien
à des nécessités suprêmes. Aujourd'hui, elles sont
entrées dans la thérapeutique usuelle, et se prescri-
vent avec la même facilité que les agents les plus
vulgaires de la matière médicale.

Cependant, il faut reconnaître que la médecine
est en retard dans ce grand progrès de la thérapeutique moderne ; et l'on pourrait dire que ce sont
les malades qui ont devancé les médecins sur ce
sujet. Malgré les efforts réalisés, depuis quelques
années, pour vulgariser l'hydrologie médicale, les
eaux minérales sont mal connues, parce qu'elles
sont mal étudiées, ou, plus exactement, parce qu'elles
ne le sont pas, alors que toutes les disquisitions

de l'analyse chimique et expérimentale sont mises à la disposition du premier médicament venu.

Un temps arrivera où les eaux minérales occuperont dans la matière médicale le rang qui leur revient, et sortiront de la voie empirique où la routine ou plutôt une indifférence blâmable s'obstine à les maintenir. En attendant ce progrès, la mode et des notoriétés insuffisantes tiennent encore dans la pratique hydrominérale une place qui ne devrait appartenir qu'à des indications raisonnées.

C'est pour une grande part sous l'empire de ces attractions, fort étrangères aux principes sévères qui doivent présider à la thérapeutique appliquée, que, depuis quelques années, les eaux minérales étrangères, et tout particulièrement celles de l'empire d'Allemagne, avaient acquis en France une faveur singulière. Si cette faveur était méritée, nous ne devons pas hésiter à le reconnaître. Mais si elle était illégitime, c'est un devoir impérieux de réagir contre elle. Ce devoir, c'est une pensée simple et naturelle qui nous le dicte. Elle ne suppose ni les emportements ni les passions que les Allemands feignent de nous attribuer, avec autant de sincérité qu'ils ont feint de prendre pour des sentiments de répulsion et de haine l'incroyable abandon auquel nous nous étions laissés aller à leur égard.

Il serait au moins étrange de voir nos compatriotes se mêler, sans motif, à un peuple dont le contact ne saurait éveiller en eux que des sentiments
profondément douloureux. C'est à nous, médecins,
de nous assurer si, sur le terrain qui nous concerne,
d'impérieuses nécessités sont de nature à les y con-
traindre. L'auteur de ce livre, familiarisé depuis
longtemps, sinon avec la pratique thermale, du
moins avec les études d'hydrologie médicale, a eu
le mérite de proclamer le premier (1) — que les
Français n'avaient à aller chercher en Allemagne
aucune médication que les eaux minérales de leur
pays ne leur fournissent amplement. Bien que cette
vérité ait été démontrée de la manière la plus expli-
cite dans d'autres publications, il a cru devoir re-
prendre ce travail, et lui donner des proportions qui
en rendissent la lecture plus fructueuse, et plus
complète la démonstration qu'il avait entreprise.

Pour en bien comprendre la portée, il faut savoir
qu'il n'est guère de station thermale qui possède
des propriétés thérapeutiques exclusives. Les spé-
cialités d'action des eaux minérales appartiennent,
non pas à des sources particulières, mais à des
groupes qui forment des familles très-nettement

(1) Dans une série d'articles publiés dans la *Gazette des eaux*
du 11 mai à la fin d'août 1871.

caractérisées par leur constitution chimique comme par leurs propriétés thérapeutiques. C'est donc à la détermination des familles et des classes dont elles se composent qu'il faut s'attacher.

Or la France est la seule contrée de l'Europe qui possède des représentants assez multipliés de chacune des familles et des classes d'eaux minérales, pour que toutes les indications de la médication thermale y trouvent des agents propres à y répondre. Le groupe des bicarbonatées, sulfatées et chlorurées de Carlsbad et ses congénères est le seul qui ne s'y retrouve point. Cependant, sans méconnaître la valeur de leurs applications, nous pouvons affirmer qu'il n'en est pas une seule à laquelle nous ne puissions satisfaire, dans notre propre pays, sous une forme ou sous une autre.

Du reste, les eaux de Carlsbad et le groupe dont elles font partie appartiennent à l'Autriche et se trouvent par conséquent en dehors de la question.

Il s'attache souvent à une station thermale, et ceci peut s'appliquer à celles de notre propre pays comme à celles de l'étranger, une notoriété dont rien ne saurait légitimer le caractère *exclusif*. De semblables notoriétés doivent habituellement leur origine à des circonstances qui n'ont rien de scientifique. L'imitation, la complaisance, la crédulité du public, l'absence d'un contrôle sérieux, enfin le temps, leur ont prêté une apparente consécration. Mais il suffit de les soumettre à une observation clinique attentive, à un examen critique rigoureux, pour faire justice d'exagérations ou de préjugés dus à une origine lointaine et obscure. On comprend aisément que ce soit l'étude des eaux minérales qui réclame surtout aujourd'hui une révision sévère. Un semblable travail a déjà été commencé parmi nous : le temps se chargera de le parfaire. Mais nous pouvons dès aujourd'hui en faire l'application aux eaux minérales de l'Allemagne, au moins au même titre qu'aux nôtres, et affirmer que beaucoup d'applications spéciales, attribuées à plus d'une station allemande, sont au moins partagées par des stations, quelquefois moins célèbres, mais aussi bien appropriées à des emplois que les premières semblaient revendiquer d'une manière exclusive.

Ce n'est pas dans la préface d'un livre qu'il convient d'en faire l'éloge. Je me bornerai à constater que le travail, pour lequel M. Ernest Barrault a bien voulu me demander quelques pages d'introduction, est fait dans un esprit d'analyse scientifique et d'absolue impartialité qui n'a rien emprunté aux douloureuses préoccupations de l'époque que nous traversons.

PRÉFACE DE L'AUTEUR

Il y avait longtemps que ceux qui s'occupent d'eaux minérales, autrement que d'après des appréciations toutes de convention et des renommées trop souvent surfaites, restaient frappés de l'extrême importance médicale que l'on était dans l'habitude d'accorder aux sources allemandes comparativement à celle que l'on reconnaissait aux eaux françaises.

Ayant fréquemment à établir des comparaisons de cette nature, par suite des exigences du mouvement habituel d'un journal spécial, la *Gazette des Eaux*, j'avais eu déjà, en plusieurs circonstances, et sans vouloir, toutefois, me heurter trop rudement à un engouement qui, bien que dénué de fondement, paraissait très-généralement partagé, l'occasion de réagir contre cette tendance ; je m'appuyais alors sur les seules données de l'analyse chimique et de la clinique thermale.

La guerre avec l'Allemagne vint enfin donner de

l'opportunité à cette revendication qui, jusque-là, n'avait eu pour elle que sa justesse, ce qui n'était pas assez pour la faire accepter.

L'idée d'écrire ce livre date donc de l'époque du siége de Paris par l'armée allemande (septembre 1870 à janvier 1871). Son exécution fut décidée à la suite d'un entretien que j'eus, dans notre poste médical d'Arcueil, avec mon excellent collègue aux ambulances des forts du Sud, M. Boutigny (d'Évreux) fils.

La décision prise, j'allai m'en ouvrir aussitôt au rédacteur en chef de la *Gazette des eaux*, M. Germond de Lavigne. J'étais lié avec lui par des rapports d'amitié et de collaboration déjà anciens, je connaissais son sentiment sur ce point, et j'étais sûr de la réponse qu'il me ferait. Aussi n'éprouvai-je aucune surprise à voir l'empressement qu'il mit à m'ouvrir son journal pour mon travail. Lui-même prit immédiatement part à la lutte, en envisageant la question sous un autre point de vue.

Paris débloqué, les communications à peine rétablies, le journal reparaissait en avril, et dès le premier numéro, mon intention se trouvait indiquée. Du 11 mai 1871 à la fin d'août de là même année parut successivement une série d'articles dans laquelle les eaux minérales de l'Allemagne les plus vantées se trouvaient mises en présence des sources similaires que possède la France.

Bientôt, tant dans la presse de Paris que dans celle de la province, surtout aux Pyrénées et en Savoie, j'eus la satisfaction de voir bon nombre d'écrivains médicaux entreprendre un travail analogue.

Enfin ma joie fut extrême, quand j'appris que M. le professeur Gubler, avec la haute autorité qui s'attache à son nom, avait choisi pour sujet de son enseignement, devant les élèves de l'hôpital Beaujon, sa comparaison des propriétés thérapeutiques des eaux minérales de l'Allemagne et de la France.

Mais la périodicité d'un journal en limite la publicité, l'espace y est compté, et je me voyais dans l'obligation de n'indiquer que les points principaux du parallèle que j'avais entrepris. Désirant faire davantage, je résolus alors de publier cette étude en volume.

Je me donnais ainsi le moyen de traiter la question d'une façon beaucoup plus complète.

Après réflexion, je voulus tenter de réunir, sous une forme extrêmement analytique, les principales notions de l'hydrologie médicale et les traits les plus importants de la minéralisation et des applications thérapeutique des sources les plus fréquentées dans chaque classe. Je concevais de la sorte le plan d'un *Guide pratique aux eaux minérales à l'usage des méde-*

cins, d'un travail sommaire, non pas de science élevée, mais de vulgarisation.

Le présent travail, s'il a été bien ordonné et bien exposé, doit donc représenter une revendication énergique en faveur des eaux minérales françaises, en même temps qu'il tendra à vulgariser la connaissance des ressources considérables que ces mêmes eaux fournissent à l'art de guérir.

La majeure partie de ce livre a pour but de faire connaître la médication thermale envisagée d'abord en elle-même, et ensuite dans les applications les plus caractéristiques qu'elle revêt pour chacune des grandes classes d'eaux minérales.

En face de l'impossibilité évidente de signaler toutes les sources de chaque classe, j'ai, du moins, pris le soin de noter toutes celles qui ont actuellement le plus d'importance. Elles sont mentionnées avec la désignation de leur minéralisation, de leur température, de leurs modes d'emploi, de leur action physiologique et de leurs applications thérapeutiques les plus habituelles. En regard, se trouve une exposition identique des sources allemandes et de leurs qualités, de façon que la comparaison soit toujours facile à faire et la conclusion aisée à tirer.

Dans bien des cas, il y avait utilité très-grande à signaler les avantages qui découlent de l'installation

balnéothérapique, du climat, des conditions de séjour, etc., pour chaque station ; je l'ai fait dans les
limites que pouvait comporter ce volume.

Après avoir passé en revue les principales sources
de chaque classe avec leurs applications thérapeutiques les plus formelles, j'ai, renversant les termes de
la question, repris très-brièvement le même travail,
mais cette fois en choisissant la maladie pour objet. Ainsi, dans le *Memento thérapeutique*, je me suis
efforcé de fournir les moyens de résoudre ce délicat
problème : Une maladie chronique étant donnée,
qu'on l'envisage en elle-même ou dans les formes
qu'elle revêt le plus ordinairement, indiquer les
sources minérales qui conviennent le mieux au
traitement.

Cette partie, qui représenterait plus particulièrement la thérapeutique thermale, il ne m'a été possible de l'esquisser qu'à fort grands traits. J'ai
pourtant l'espérance qu'elle pourra souvent être
utile, si l'on veut bien des noms qui se trouvent indiqués dans le *Memento* se reporter à la page du livre
où se trouvent exposées les propriétés de la source
ou des sources désignées pour le traitement de la
maladie en cause.

En somme, si, comme le montre le dernier chapitre intitulé « Conclusion », j'ai tenu surtout à

mettre en présence classe par classe, division par division, les eaux minérales de la France et de l'Allemagne; si le but poursuivi est bien un : une appréciation mieux entendue de la richesse hydrologique de notre pays, j'ai dû faire concourir à cette démonstration deux ordres de moyens :

1° Un parallèle ou comparaison des eaux minérales françaises et allemandes;

2° Une exposition étendue ou de vulgarisation des ressources hydro-thermo-minérales que possède la France et des applications médicales auxquelles celles-ci peuvent convenir.

Toute mon ambition serait d'arriver à éclairer et à convaincre le lecteur.

Bien qu'il ne m'échappe guère ce que peut présenter d'incomplet et parfois aussi, sans doute, d'inexact, un travail nécessairement aussi condensé que l'est celui-ci, j'ai néanmoins estimé qu'il pourrait être utile, et cette dernière considération a suffi à me le faire entreprendre.

E. B.

TABLE ALPHABÉTIQUE [1]

LES
EAUX MINÉRALES

FRANÇAISES ET ALLEMANDES

ÉTUDE COMPARATIVE

I

DU TRAITEMENT THERMAL. — DU CHOIX DES SOURCES.

Ce n'est pas ici le lieu de discuter de quelle utilité peuvent être les eaux minérales dans leurs applications à l'art de guérir. Nous devons nous borner à prendre les choses telles qu'elles sont et à répéter, après les hommes les plus éclairés, que les eaux minérales représentent la médication la meilleure et la plus sûre des maladies chroniques, celle qui est le plus facilement acceptée par les malades et le plus volontiers conseillée par les médecins.

En revanche, il importe beaucoup de se faire une idée de ce qu'est en lui-même le traitement thermal,

de rechercher, d'une façon générale, par suite de
quelles influences il peut agir, et enfin de passer en
revue les conditions qui serviront le plus sûrement
de guide dans le choix d'une source.

DU TRAITEMENT THERMAL.

Le traitement thermal se compose d'influences variées et fort complexes à l'analyse.

Action hygiénique. — Il faut y tenir compte, d'une
part, des conditions générales qui sont particulières
soit à la station où le traitement est suivi (altitude,
climat, température, météorologie, etc.), soit au malade qui est l'objet du traitement (déplacement, changement de régime et d'habitudes, distractions, modifications intellectuelles et affectives, etc.). Ce premier
groupe d'influences représente l'*action hygiénique*.

Action médicamenteuse. — D'autre part, on a à
analyser l'action propre de l'eau minérale. Celle-ci
doit être considérée sous deux points de vue. Cette
action peut être absolument médicamenteuse, et en
quelque sorte intrinsèque, comme pour les eaux sulfureuses, bicarbonatées et chlorurées sodiques fortes ;
ou, au contraire, être, en quelque façon, extrinsèque, et résider principalement dans des conditions
de thermalité et de modes d'administration (bain à

haute température, douches, piscines, étuves, etc.),
ainsi qu'on le voit surtout auprès de certaines eaux
peu minéralisées ou de minéralisation plus élevée,
mais thérapeutiquement peu actives, eaux bicarbonatées et chlorurées faibles et principalement eaux
sulfatées. Ces deux ordres d'influences constituent
l'*action médicamenteuse*.

Dans beaucoup de cas, les actions interne et externe
sont mises en œuvre concurremment; dans d'autres, l'influence de l'une des deux domine puissamment.

Action médicamenteuse proprement dite. — Ainsi,
il est des eaux qui agissent presque exclusivement par l'ensemble ou par certains de leurs principes minéralisateurs constituants, et ce sont surtout
celles-là qui méritent d'être dites franchement médicamenteuses. Est-il utile d'ajouter que leur principale destination sera l'usage interne et que le traitement externe ne jouera, le plus ordinairement,
auprès des sources de cet ordre qu'un rôle très-secondaire. On conçoit encore que, pour les eaux de
cette espèce, tout en tenant grand compte de ce que
la tradition a de très-respectable, on puisse pourtant,
par le seul examen d'une analyse chimique rigoureusement faite, préjuger quelles peuvent être, à
peu près, les principales applications thérapeu-

.tiques de ces eaux. De même encore, il doit être possible, en comparant entre elles les analyses de deux sources différentes de même ordre, de présumer également, sinon toutes, du moins quelques-unes des nuances de leur action.

Action balnéothérapique. — L'action médicamenteuse extrinsèque des eaux est nommée *action balnéothérapique*. On la rencontre et on la met principalement en usage auprès des sources peu actives, soit parce que le chiffre de leur minéralisation est très-peu élevé, soit encore parce que de la nature des principes qui minéralisent l'eau ne découle aucune action effective caractérisée. Ce sont donc des eaux de minéralisation ou très-basse ou à peu près inerte, des sulfatées, des bicarbonatées ou des chlorurées très-faibles. Il n'est pas commun qu'auprès d'une source où on met surtout en œuvre l'action balnéothérapique, on voie l'usage interne, la boisson, jouer un grand rôle. Mais il faut se garder d'attacher à cette distinction une importance trop rigoureuse, car il est fréquent de voir largement appliquer l'action balnéothérapique auprès de sources à action médicamenteuse interne très-tranchée.

La thermalité élevée des eaux est une des conditions fondamentales d'une action balnéothérapique énergique.(Plombières, Néris, Mont-Dore).

Auprès de certaines sources de minéralisation à peu près indifférente, on peut même dire que celle-ci prime par son importance la valeur propre qui peut appartenir à l'eau en elle-même.

L'action balnéothérapique s'obtient par des modes d'administration variés (températures diverses, bains, douches, piscines, étuves, pression, durée de l'application, etc.). Les agents balnéothérapiques ont pour effet de diversifier les modes d'action sur l'organisme, d'accroître l'activité des eaux et de permettre même de répondre à plusieurs indications différentes (effets altérants, résolutifs, substitutifs ou sédatifs) avec l'eau d'une même source.

En résumé, l'action médicamenteuse intrinsèque des eaux minérales, qui la possèdent, repose davantage sur leur constitution chimique; cette action est plus spéciale, et même dans bien des cas antidiathésique, comme pour les eaux sulfureuses, bicarbonatées sodiques fortes ou chlorurées-sodiques fortes, par exemple. Au contraire, l'action balnéothérapique met plutôt en jeu des conditions physiques, soit que celles-ci appartiennent à l'eau elle-même, soit qu'elles soient apportées par les agents balnéatoires employés. Il va sans dire que, à moins que l'eau minérale ne soit de constitution chimique absolument indifférente, ce qui est l'exception, il faut toujours faire la part de l'action spéciale due à la minéralisation, dans la médication obtenue.

Ainsi, action hygiénique ou générale, influence médicamenteuse vraie ou directe des eaux, influence médicamenteuse balnéothérapique ou indirecte des eaux : voilà les trois termes dont il faut principalement tenir compte dans un traitement thermal.

DU CHOIX DES SOURCES.

Ces principes admis, il devient assez aisé de reconnaître sur quels éléments il convient de faire peser plus spécialement la comparaison, s'il s'agit de fixer un choix entre un groupe de sources de nature et de valeur à peu près égales. Nous avons dit « comparaison » et « sources de nature et de valeur à peu près égales », et nous devons avertir que ces termes entraînent avec eux quelque chose, sinon d'inexact, du moins d'excessif. Il en est des sources comme des physionomies : deux sources peuvent présenter réunis tous les mêmes éléments minéralisateurs, dans des proportions fort rapprochées l'une de l'autre, sans que l'on puisse pour cela les déclarer absolument identiques au point de vue de leur action thérapeutique. Cette estimation ne peut jamais être que relative.

Il n'en est pas moins vrai qu'il y a dans ces considérations de la constitution chimique d'une eau, de la prédominance de tel principe ou de tel autre, dans sa température, dans l'ensemble des moyens balnéothérapiques dont elle est pourvue, dans les conditions climatériques et climatologiques de la station, des indices fort précieux qui doivent être d'un grand poids dans la détermination à prendre par le médecin. Et de même qu'il n'est pas de maladie chronique, si classique soit-elle dans ses manifestations, qui ne présente exceptionnellement quelque caractère méritant plus spécialement d'être l'objet d'une indication déterminée, de même, en ayant égard aux considérations que nous venons de signaler, il n'est guère de source qui ne réponde à une appropriation également plus déterminée. C'est à l'élucidation de ce dernier point que nous nous efforcerons plus particulièrement d'atteindre pour les diverses sources françaises d'une même classe. C'est la détermination de l'ensemble des conditions plus spéciales à chaque station que nous tâcherons, au contraire, de mettre plutôt en évidence dans l'étude entre les eaux allemandes et françaises.

Dans cet exposé, on nous reprochera peut-être de faire la part trop large à l'analyse chimique et de ne pas insister assez sur les précieux enseignements d'une pratique souvent fort ancienne, sur la tradition. Nous savons trop de quel poids est la tradition en médecine, quelle part énorme elle a prise dans l'édification de cette science, pour ne pas la respecter et l'estimer à sa valeur. Mais lorsque nous comparons les ouvrages sur les eaux minérales de la fin du dernier siècle et de la première moitié de celui-ci à ceux qui nous sont contemporains ; lorsque nous voyons le vague des vieux textes, les énumérations de maladies signalées comme étant susceptibles d'être guéries par une eau minérale et parfois bien sans motif ; lorsque nous les comparons aux indications et aux ouvrages autrement précis de l'époque actuelle, nous ne pouvons nous empêcher de croire que c'est principalement aux secours de l'analyse chimique que l'on doit cette précision et ce progrès, et voilà pourquoi nous serions tenté de lui donner la place prépondérante. Qu'on nous le pardonne, mais n'est-ce pas là comme une nécessité des temps ? nous souhaitons de voir appliquer enfin aux eaux minérales les méthodes rigoureuses qui ont procuré partout de si précieux résultats, en matière médicale comme en thérapeutique et en physiologie expérimentale.

II

DÉ LA RICHESSE COMPARÉE DE LA FRANCE ET DE L'ALLEMAGNE EN EAUX MINÉRALES.

Si, pour établir la richesse respective de chacun des deux pays, nous devions nous borner à faire porter l'examen sur le nombre des sources de chaque classe, ce chapitre serait à peu près inutile. Il n'auraitpas sa raison d'être, puisque, au commencement de l'étude de chaque classe ou sous-classe, se trouve exactement noté le dénombrement du groupe. C'est donc moins du nombre des sources de chaque espèce que de leur valeur véritable, au point de vue médical, que nous allons nous occuper. En effet, les chiffres, pris en eux-mêmes, n'ont guère de signification, et, s'il fallait un exemple, nous citerions notre groupe des eaux ferrugineuses. Le *Dictionnaire général des eaux minérales* (1) ne mentionne pas moins de cent

----

(1) *Dictionnaire général des Eaux minérales et d'Hydrologie médicale,* par Durand-Fardel, Le Bret et Lefort. Paris, 1860.

1.

quatre-vingt-quatorze sources de cette espèce, encore ne note-t il que les sources exploitées; or, médicalement, nous sommes pauvres en eaux martiales.

Ce que nous entreprenons, dans ce travail, ce n'est pas une guerre haineuse contre les eaux allemandes, fondée sur des apparences ou sur des chiffres qui pourraient n'avoir que peu d'importance, mais bien une revendication absolument légitime, basée sur des faits précis et irrécusables. Dans ces conditions, n'apportant que peu d'attention aux nombres qui, ainsi qu'on va le voir, pourraient être invoqués plus souvent en notre faveur qu'en celle de l'Allemagne, nous nous appesantirons principalement sur la valeur thérapeutique des eaux.

Classification des eaux. — On sait que la classification des eaux minérales a été établie d'après la prédominance de leurs principes chimiques les plus importants, soit par leur quantité, soit par leur activité. De la sorte, on en est communément venu à reconnaître cinq grandes classes d'eaux, qui vont nous occuper successivement. Ces classes portent les noms de : 1° *chlorurées*, 2° *bicarbonatées*, 3° *sulfatées*, 4° *sulfureuses* et 5° *ferrugineuses*.

1° *Eaux chlorurées-sodiques*. — Parmi les cinq classes d'eaux, la plus importante, pour l'Allemagne, sous le double point de vue du nombre des sources et de l'usage-très étendu qu'on en fait, est certainement celle des *chlorurées-sodiques*. Aussi lui donnons-nous ici le premier rang dans ce parallèle, bien que, pour les motifs que nous venons d'invoquer en dernier lieu, ce soit la classe des sulfureuses qui doive passer en tête des eaux françaises. L'Allemagne, fort pauvre en eaux sulfureuses, également moins bien pourvue en eaux bicarbonatées, a dû demander à ses sources chlorurées les secours que nous puisons si largement dans les eaux de ces deux classes.

Sous le rapport du nombre, l'Allemagne compte donc quatre-vingt-cinq sources chlorurées contre cinquante-quatre seulement qui appartiennent à la France. Les eaux allemandes présentent encore l'avantage d'être, en général, plus riches en acide carbonique, ce qui les rend plus digestives, et peut-être d'une thermalité plus élevée. En revanche, les sources de France tiennent-le premier rang par la richesse de leur minéralisation. La source d'outre-Rhin la plus minéralisée, le Friedrich-Wilhelm, de Nauheim, n'atteint qu'à 40 grammes de minéralisation, tandis que notre source de Salies de Béarn donne 255 grammes de sels par litre.

Ce fait n'est pas une exception, et, bien qu'avec des différences moindres, il se reproduit pour un grand nombre de nos sources fortes, à Salies (Haute-

Garonne) 34 grammes, à Salins (Jura) 29 grammes, à Hammam-Mélouane (Algérie) 30 grammes, la moyenne des sources fortes de l'Allemagne restant entre 12 grammes (Kreuznach) et 16 grammes (Hombourg).

C'est même sans doute pour ce motif de l'infériorité de la minéralisation que l'Allemagne s'est préoccupée, depuis quelque temps déjà, de l'emploi des eaux mères ou concentrées, *Mutterlaugen*, qui n'ont reçu jusqu'ici, probablement pour un motif inverse, que trop peu d'applications parmi nous. Il suffira de consulter le tableau des principales eaux concentrées (1) pour reconnaître quelle supériorité appartient, dans ce sens, aux produits français.

Enfin, nous répétons que l'extension extrême, donnée par les médecins allemands aux applications de leurs eaux chlorurées, par suite même du peu de ressources qu'ils pouvaient trouver dans les eaux d'autres classes, a dû puissamment contribuer à étendre chez eux la réputation des eaux à base de chlorure de sodium.

2° *Bicarbonatées.*— Pour la grande classe des bicarbonatées, le partage est loin d'être égal entre la France et l'Allemagne. Si, par le nombre des sources,

(1) Voyez page 36.

la première présente déjà un avantage d'un huitième environ, soixante-dix-huit sources françaises contre soixante-neuf allemandes, la différence, toute en faveur de notre pays, est bien autrement grande sous le rapport de la valeur médicale des eaux.

Ce que l'on recherche avant tout, d'ordinaire, dans les eaux bicarbonatées-sodiques, c'est la puissance de la médication alcaline à instituer par leur moyen. Or, dans les deux pays, le nombre des bicarbonatées fortes se réduit à deux groupes de sources, tous deux français, Vichy et Vals. L'Allemagne ne possède que des bicarbonatées sodiques moyennes. Ems (Nassau) est sa plus grande réputation dans cette classe avec Bilin et Teplitz-Schönau (Autriche). Mais aucune de ces trois stations ne peut rivaliser avec les sources françaises que nous venons de nommer. Malgré leur réputation si démesurément étendue, elles ne peuvent entrer en ligne qu'avec des sources françaises de même ordre et de même force. Encore est-ce bien plutôt de quelques-unes de nos sources bicarbonatées-calciques ou bicarbonatées mixtes, qu'elles se rapprochent, par les pratiques qu'on y suit, que de nos sources franchement alcalines.

La sous-classe des bicarbonatées à base de chaux présente beaucoup moins d'intérêt que celle des bicarbonatées à base de soude. Ici l'avantage par le nombre est à l'Allemagne, vingt-neuf contre vingt-trois, mais là se borne à peu près toute la supériorité. A notre station de Pougues, nos voisins peuvent opposer leurs sources de Griesbach, à Fohcaude, à Ussat, à Bondonneau, à Alet, à Aix (Bouches-du-Rhône), Badenweiler et Schlangenbad. D'ailleurs, ces eaux, dénuées de spécialisation thérapeutique bien tranchée, ne sont, ni dans l'un ni dans l'autre pays, l'objet de médications extrêmement étendues.

La sous-classe des bicarbonatées mixtes est, au contraire, d'une plus grande importance médicale. Le dénombrement des sources se chiffre par vingt-quatre sources françaises et dix-huit allemandes. Parmi les sources françaises, et il suffira de rappeler les noms du Mont-Dore, de Royat, de Néris, d'Évian, quelques-unes ont une grande valeur et sont très-suivies. Des eaux faibles et très-gazeuses de la même classe, Saint-Alban, Couzan, Renaison, sont l'objet d'une immense exportation comme eaux de table.

Si la minéralisation de nos bicarbonatées mixtes françaises est faible, en général, on la trouve plus faible encore dans les sources allemandes similaires : Brükenau, Krankenheil, Langenbrucken, Roisdorf, Landeck, Schwalheim. Une considération, qui fait rechercher bon nombre de ces sources par nos voisins, leur légère minéralisation sulfureuse, n'a aucune valeur pour nous qui sommes, au contraire, très-riches en eaux de cette dernière espèce.

3° *Eaux sulfatées*. — Sous le rapport des eaux sulfatées, l'Allemagne se trouve être mieux partagée ; la relation se traduit en chiffres par quarante-quatre stations transrhénanes contre vingt-huit françaises. Mais l'intérêt réside moins dans ces nombres, pour nos voisins, que dans le parti qu'ils tirent de certaines de leurs sources. Peu pourvus en eaux bicarbonatées franchement alcalines, ils ont, par exemple, approprié la pratique de Karlsbad (Autriche) à bon nombre des applications que nous trouvons à Vichy et à Vals. Boll, Elster (Allemagne du Nord), Gastein, Marienbad (Autriche), sont des sulfatées-sodiques d'outre-Rhin très-suivies.

Parmi les eaux françaises de même ordre, nous rencontrons notre magnifique station de Plombières qui, thérapeutiquement, n'insiste guère sur les qualités du sulfate de soude ; Miers, qui attache plus d'intérêt à ce même sel qui y figure, du reste, dans une proportion bien plus élevée ; puis Évaux, dans la Creuse. La France ne possède que cinq sources de cette espèce.

La sous-classe des sulfatées-calciques est celle qui a le plus d'intérêt chez nous ; nous y comptons dix-sept stations contre-dix neuf à l'Allemagne. Médicalement, ce groupe offre une certaine importance. Contrexéville, Vittel, Aulus, Cransac, Capvern, Encausse, Martigny en font partie. Au contraire, des sources de même ordre qui appartiennent à l'Allemagne, aucune n'a atteint une bien grande notoriété à l'exception peut-être de Baden (Autriche), d'Eilsen (Schaumbourg-Lippe) qui paraît être principalement suivie pour le principe sulfureux qu'elle présente en petite quantité.

De la division des sulfatées mixtes, rares dans les deux pays (Allemagne cinq sources, France deux), nous n'avons que bien peu de chose à dire. Rappelons, chez nous, le nom de l'antique station de Dax (Landes), et, chez nos voisins, celui de la source purgative de Friedrichshall, surtout connue par l'exportation.

Les sulfatées-magnésiques, bien que médicinales, ne tiennent qu'une place bien mince en hydrologie médicale ; ce sont des eaux purgatives qui trouvent leur principal intérêt dans le commerce d'exportation. La France n'a que quatre sources, dont deux seulement dignes d'attention : Montmirail et Sermaize ; l'Allemagne en compte six, dont trois d'une célébrité peu commune : Sedlitz, Püllna, Saidschütz.

4° *Eaux sulfureuses.* — Quant aux eaux sulfureuses, la disproportion est si énorme entre les deux pays que nous nous bornerons à l'indiquer en quelques mots. Ici ce n'est plus d'un simple avantage qu'il peut s'agir; d'un côté nous voyons une incomparable richesse, de l'autre une rareté qui, notamment pour les eaux sulfurées sodiques, touche au dénûment.

Les sources sulfurées-sodiques sont de beaucoup les plus précieuses parmi les eaux sulfureuses. Elles existent, en France, aux Pyrénées, avec une merveilleuse profusion, aux Alpes, bien qu'en proportion bien moindre, dans le Dauphiné et jusque dans le centre, à Saint-Honoré (Nièvre). Sur cinquante-trois sources connues, trente-huit sont échues en partage à la France; l'Allemagne n'en possède que deux, Minberg et Mingolsheim.

Les sulfúrées-calciques, froides en général, moins actives, existent relativement en nombre moins faible au delà du Rhin. On y compte vingt-quatre sources de cette espèce.; la France en possède cinquante-quatre. Enfin, convient-il encore de noter que, dans ce groupe des sulfhydriquées allemandes, beaucoup des sources qui contribuent à le former, seraient peut-être mieux placées dans d'autres classes. On ne les a rangées parmi les sulfureuses qu'en conséquence du peu de ressources que cette region présente en eaux de cette nature.

5° *Eaux ferrugineuses*. — Le nombre des eaux ferrugineuses françaises montre, ainsi que nous le faisions observer en commençant, quelle grave erreur on serait exposé à commettre si l'on s'en remettait complétement aux chiffres pour évaluer la richesse d'un groupe. Nous comptons en France cent quatre-vingt-douze sources ferrugineuses classées, l'Allemagne quatre-vingt douze seulement. En réalité, nos voisins l'emportent ici sur nous, comme intérêt des applications médicales à instituer par ces eaux.

Ce n'est pas que quelques-unes de nos sources n'aient une très-précieuse valeur : Bussang, Orezza, la Bauche, Saint-Alban, Saint-Pardoux, parmi les bicarbonatées ferrugineuses ; Forges, La Malou, parmi les crénatées ; Moudang, Passy, parmi les sulfatées ; enfin les sources manganésiennes de Luxeuil, de Cransac et du Crol représentent de fécondes ressources qu'il conviendrait, maintenant plus que jamais, de savoir estimer à leur valeur. Mais l'Allemagne trouve dans ses sources anciennement connues de Schwalbach, de Pyrmont, de Ripoldsau, de Griesbach et d'Antogast des eaux riches en gaz et bien pourvues en principes ferrugineux à la valeur desquelles il est juste de rendre hommage.

De ce rapide exposé, résulte, nous l'espérons, la conviction que la France n'a rien à envier à ses

voisins de l'Est. Nous avons dans nos sources françaises de quoi répondre à toutes les indications ;
loin d'avoir à emprunter, noussommes, en beaucoup
de cas, en état de prêter aux autres. Qu'on oublie
donc de vieux errements qui trop souvent, hélas !
n'avaient pour cause, de la part des médecins, qu'une
regrettable ignorance déguisée sous un apparent
entraînement du bon ton ; oublions aussi la fantaisie,
si haut qu'on l'invoque elle serait certainement qualifiée aujourd'hui d'un autre nom. Qu'on veuille
bien enfin ajouter quelque créance à ces paroles que
M. le docteur Garrigou écrivait, elles ne disent
que la stricte vérité :

« Dans l'intérêt des malades et par respect pour
le corps médical, il est temps que l'hydrologie, en
France, soit mise à la hauteur de la tâche que lui
imposent les ressources thermales les plus complètes
de l'univers. »

III

LA VOGUE DES VILLES D'EAUX ALLEMANDES.

Dans ces dernières années, durant lesquelles les sources thermales ont été de plus en plus fréquentées, on a vu les malades se partager principalement entre les eaux françaises et les eaux allemandes. Certaines eaux allemandes même, particulièrement celles des bords du Rhin, devaient la majeure partie de leur vogue à la très-nombreuse société française qui, pour motifs de santé, et, plus souvent, pour obéir aux exigences de ce qu'on appelle le bon ton, s'y donnait rendez-vous chaque année.

Dans cette répartition des baigneurs français qui, dédaigneux des sources de notre sol, préféraient se rendre aux eaux étrangères, un groupe de quelque importance gagnait, il est vrai, les sources suisses, sources de haute valeur médicale, pour une partie, et très-dignes d'intérêt.

Fort peu franchissaient les Alpes ou les Pyrénées pour visiter les eaux d'Italie ou d'Espagne, les stations thermales de ces deux pays n'ayant été jusqu'ici l'objet de nulle vogue parmi nous.

Un nombre de baigneurs bien autrement considérable allait en Belgique, quoique ce dernier pays, avec les bains de mer d'Ostende, n'ait guère qu'une station médicale digne d'intérêt, Spa et ses séductions extra-médicales (1). Des eaux de Chauffontaines, près de Liége, de la plage de Blankenberghe, combien de médecins connaissent, non les qualités, mais les noms?

Ainsi le partage existait principalement entre les sources allemandes et les sources françaises. Les premières avaient pour elles les attraits d'un pays inconnu, il était de bon ton de s'y rendre, on rencontrait auprès de quelques-unes des moyens de distraction prohibés de ce côté du Rhin, enfin ce n'était pas une considération absolument insignifiante pour beaucoup d'amours-propres que d'avoir

---

(1) A côté de l'attrait du tapis vert, qui cessera cette année même, il serait juste de noter ici une influence de chemins de fer : les lignes du Nord et de l'Est ont établi des voyages circulaires à prix réduits pour l'Allemagne du Nord et la Belgique. Une curiosité très-légitime, une vanité qui l'est moins, trouvant à s'exercer avec économie, devaient mettre cette ressource à profit. C'est ce qui a été largement fait.

été chercher auprès de sources étrangères des soins que d'autres malades, moins fortunés, allaient demander plus modestement aux eaux de leur pays.

Et comme, au retour, on voulait, sinon pallier, du moins paraître expliquer cette satisfaction d'une vanité satisfaite, on avait naturellement trouvé auprès de ces sources allemandes des soulagements qu'on n'obtiendrait que bien moins facilement auprès des eaux françaises. De là la notoriété, de là la vogue, et, disons le vrai mot, de là la mode dont ont joui parmi nous les eaux allemandes. Pendant ce temps, et pour des motifs à peu près analogues, des Allemands, bien qu'en nombre moins grand, venaient à nos eaux françaises, mais qu'importe !

Et puis, si telle était la conduite des malades, il faut bien dire que celle de beaucoup de médecins n'était guère mieux entendue. La vogue était aux eaux allemandes, les malades franchissaient volontiers le Rhin, et soi-même ne faisait-on pas preuve de connaissances très-vastes et de bon ton en conseillant des eaux exotiques? On envoyait donc les malades en Allemagne. Y avait-il là grand inconvénient?

L'étude des eaux minérales, dans leurs applications à la médecine, est loin d'être communément étendue chez les médecins ; dans l'impossibilité de posséder des notions précises sur toutes les sources, on fait la part large à l'habitude la plus généralement suivie, l'on procède par tradition, mieux vaudrait dire par imitation. On adopte un certain nombre de types qui répondent à des indications déterminées, et on les recommande de préférence. Si les types adoptés se trouvaient le plus souvent en Allemagne, la faute en remontait à ceux qui les premiers les avaient choisis et *lancés*, et l'on suivait le courant.

Voici longtemps, d'ailleurs, que cet état de choses avait frappé ceux qui s'occupent plus spécialement d'eaux minérales. En maintes circonstances, ils avaient tenté de réagir, bien avant les derniers événements qui sont venus nous accabler, contre une tendance qui leur paraissait aussi peu rationnelle que préjudiciable aux intéressés. Lorsque nous insistions (1) sur l'ingéniosité des Allemands à instituer des médications de toutes sortes : médication hydrothérapique, quand l'eau minérale leur faisait défaut, cure de petit-lait, cure de raisins, au besoin simple cure d'air, quand il n'y avait ni eau thermale ni eau froide, nous nous efforçions de faire voir ce qu'il y avait d'excessif et souvent de peu fondé dans cette vogue.

En laissant de côté les considérations sur la valeur

____

(1) Barrault, *Gazette des eaux*, passim.

médicale des eaux allemandes envisagée en elle-
même, considérations qui font tout spécialement
l'objet des chapitres qui suivent, on peut ajouter,
sans crainte d'être démenti par aucun de ceux qui
connaissent l'Allemagne autrement que par un séjour de quelques jours, que, en général, l'influence
climatérique des stations thermales d'outre-Rhin
est loin d'être avantageuse pour les malades qui les
fréquentent. Nous pourrions même ajouter qu'elle
n'est souvent que pernicieuse.

Un de nos compatriotes, après avoir habité l'Allemagne pendant vingt ans et puissamment contribué
à la gestion et à la prospérité d'une des stations les
plus riches et les plus fréquentées de ce pays,
écrivait :

« Si nous en venons à examiner la question du
climat, que voyons-nous? le climat de l'Allemagne
est incomparablement moins salubre que celui de la
France...

« Si nous considérons maintenant le climat local
de chaque bain, nous pouvons, sans être taxé
d'exagération, dire : Wiesbaden, quand les étés sont
pluvieux, présente le plus détestable des climats.
Ems, Hombourg, Baden, Nauheim, etc., sont dans
le même cas. Si, au contraire, il y a sécheresse, les
villes sont accablantes de chaleur, par le manque

d'air réfrigérant. Vous avez jadis voyagé en Allemagne, vous connaissez tous les endroits que je vous cite, eh bien, rappelez vos souvenirs : chaleur insupportable pendant certains été, soirées d'une fraîcheur impossible, même pour les gens bien portants, et, quand la saison est pluvieuse, une humidité intense, pénétrante, même lorsqu'il ne pleut pas. »

Cette considération du climat, fort importante en pratique hydrologique, étant élucidée, et réservant pour la suite la question de la valeur médicale des eaux, les établissements allemands l'emporteraient-ils par une installation balnéothérapique meilleure et plus complète ? Voici encore, en ce point, l'appréciation portée par l'écrivain extrêmement compétent, nous le répétons, que nous venons de citer.

« Quant aux établissements de bains, les nôtres leur sont de beaucoup préférables : l'organisation de nos douches, des divers appareils en exploitation chez nous, n'existe pas en Allemagne. Les salles de bains si confortables aux Pyrénées, à Aix, à Vichy, etc., sont misérables à Wiesbaden, Wildbad, etc. Comparez et cherchez en Allemagne un établissement qui puisse rivaliser avec Aix-les-Bains, avec Bagnères, Vichy, Luchon, etc. Où verrez-vous une piscine aussi bien installée qu'à Aix?... »

Il reste un autre point de vue, qui, celui-là, offre surtout de l'intérêt pour les baigneurs : les ressources qu'offrent pour la vie matérielle les villes d'eaux allemandes. Exceptionnellement nous répondrons à cette question, bien qu'elle ne soit en aucune façon scientifique, et nous répondrons par l'opinion du même écrivain.

« Si nous en venons à comparer les avantages que présentent les deux pays, écrit-il, nous reconnaîtrons sûrement que l'Allemagne offre l'inconvénient d'une cherté et d'un manque de comfort inouï relativement. Il y a quelque dix ans, les hôtels et les tables d'hôte avaient une réputation que l'on n'accordait pas aux hôtels de France. Eh bien, c'était un tort qu'il importe de réparer au profit de notre pays. Et effectivement, la nourriture y est mauvaise ; les vins, frelatés et d'un prix incroyable, ne peuvent entrer en comparaison avec nos vins : chez nous, et dans la plupart des villes, le vin est compris dans le prix de la table d'hôte ; en Allemagne, vous devez toujours le payer à part, très-cher, et très-mauvais. »

« Comparez le coût d'un séjour aux eaux de Kissingen, de Carlsbad, d'Ems, etc., à la dépense que vous occasionnera un séjour à Aix, à Bagnères, à Vichy. Y a-t-il rien de plus vrai ? Où trouvez-vous en Allemagne un bon marché semblable ? et quelle différence dans la préparation des mets, dans leur abondance et leur saveur ! »

Donc, autant que les sources thermales et que les ressources médicales que l'on trouvait auprès d'elles, ce qui a fait surtout la fortune des villes d'eaux d'Allemagne, ce sont les distractions offertes par les kursaals : jeux, bals, théâtres, concerts, courses de chevaux, chasses à courre; c'est l'incessante propagande des fermiers de jeux qui y consacraient plus de 300,000 francs par an chacun ; c'est l'attrait d'un pays nouveau ; c'est enfin l'effet d'un engouement aussi aveugle que peu fondé qui nous porte à faire fi des inestimables ressources que nous avons chez nous pour nous livrer, par une imitation frivole, à l'appât que nous tend l'étranger.

Ces observations indiquées une fois pour toutes, nous n'y ferons plus en aucune façon retour dans la suite de ce travail, et nous nous maintiendrons exclusivement dans le domaine de la science.

IV

EAUX CHLORURÉES-SODIQUES.

Les eaux chlorurées-sodiques représentent la principale richesse hydrologique de l'Allemagne, tant par le nombre des sources de cette classe qu'elle possède, que par la renommée et l'importance que certains établissements, qui les exploitent, ont su acquérir.

Sous le rapport du nombre, nous voyons en effet que, sur deux cent quarante sources chlorurées-sodiques mentionnées par le *Dictionnaire général des Eaux minérales*, quatre-vingt-cinq appartiennent à l'Allemagne, Prusse et Autriche réunies, la Prusse en possédant une soixantaine en propre, tandis que la France n'en compte que cinquante-quatre. Mais si l'on n'envisage, comme il le faut faire ici, que l'utilisation thérapeutique à obtenir des eaux, cette différence du nombre perd presque tout intérêt, tous les termes de la comparaison devant être recherchés dans la constitution chimique et dans l'action thérapeutique des eaux. Or, nous verrons bientôt que la France est assez suffisamment pourvue, sous le rapport des eaux chlorurées-sodiques, pour pouvoir répondre à toutes les indications de la thérapeutique.

Quant à l'importance et à la renommée que certains établissements d'outre-Rhin ont su conquérir, c'est une tout autre affaire. Il vient d'être dit que nous laisserions absolument de côté, dans ce travail, tous les moyens de séduction extra-médicaux auxquels se montrent si sensibles un certain nombre de baigneurs, ou mieux de touristes, pour ne nous occuper que de la partie scientifique. Mais il ne peut être douteux pour personne que nos voisins, qui font preuve en tant de choses d'une si remarquable entente de l'exploitation, n'excellent véritablement à tirer de leurs établissements thermaux et même de certaines conditions topographiques, et plus rarement climatériques, toutes les ressources imaginables. C'est là, du reste, un autre point de vue assez nettement établi également pour qu'il devienne superflu d'y revenir. D'ailleurs, la justesse de l'appréciation que nous portons sur l'esprit d'initiative et sur l'ingéniosité des Allemands, en ce qui se rapporte

2.

médication par les eaux minérales, par l'influence climatérique et par certaines conditions diététiques, ressortira suffisamment, croyons-nous, du coup d'œil comparatif que nous allons jeter sur les principales sources allemandes et françaises.

Notre but, en entreprenant cet examen, est de mieux établir encore que nous sommes assez riches chez nous, même dans le groupe d'eaux qui représente la plus précieuse richesse hydrologique de l'Allemagne, pour que nous puissions, lorsque nous le voudrons, n'avoir rien à emprunter aux autres. Un autre résultat de cet examen sera de faciliter les applications thérapeutiques, pour quelques personnes, en faisant ressortir les analogies et les dissemblances que présentent entre elles certaines sources allemandes et françaises.

Nous suivrons dans cette étude la division arbitraire, sans doute, mais utile, en chlorurées *fortes*, *moyennes* et *faibles*, adoptée par le plus grand nombre des auteurs. A leur exemple, nous rangerons dans la première de ces catégories toutes les eaux qui ont plus de 4 grammes de minéralisation par litre ; nous tiendrons pour *moyennes* les eaux qui vont de 4 à 2 grammes ; et toutes celles qui sont au-dessous de ce dernier chiffre seront dites eaux *faibles*.

1° EAUX CHLORURÉES-SODIQUES FORTES.

SOURCES FRANÇAISES.	SOURCES ALLEMANDES.
Salies de Béarn.	Nauheim.
Hammam-Mélouane.	Kissingen.
Salins (Jura).	Hombourg.
Salins (Savoie).	Kreuznach.
Balaruc.	Wiesbaden.
Lamotte.	
Bourbonne-les-Bains.	

SOURCES FRANÇAISES ANNEXÉES EN 1871.

Sierck.	Niederbronn.

Le groupe des eaux chlorurées-sodiques fortes
de France comprend à lui seul vingt-sept stations.
Les différentes sources qui le composent présentent,
non pas seulement sous le rapport de la nature de
leur minéralisation, mais surtout sous celui du poids
total de leurs principes minéralisateurs, une variété
très-grande. La somme de ceux-ci peut varier, pour
un litre, de 255 grammes (Salies de Béarn) à 4 ou 5
grammes. Nous aurons à nous occuper dans un pa-
ragraphe particulier d'eaux infiniment plus concentrées artificiellement, des *eaux mères* ou *Mutterlaugen*
des Allemands.

De l'autre côté du Rhin, c'est à cette même classe
des eaux chlorurées fortes qu'appartient bon nom-

bre des établissements les plus fréquentés. Il suffira de citer les noms de Kreuznach, de Kissingen, de Nauheim, de Wiesbaden, de Hombourg et de Soden. C'est sur ces sources allemandes mêmes que nous ferons plus particulièrement porter l'attention.

Mais, auparavant, voyons brièvement en quoi consiste principalement le traitement par les chlorurées fortes et quels en sont les effets principaux ainsi que les indications thérapeutiques prédominantes.

Le traitement par les chlorurées-sodiques fortes a surtout recours aux applications externes; le bain et les agents balnéothérapiques en forment le fond et ils en sont même les représentants exclusifs auprès de certaines sources. Ces bains chlorurés-sodiques sont par eux-mêmes excitants, mais, avec cette remarque importante à noter, que leurs effets aboutissent toujours à une action tonique, lorsque l'administration des eaux est régulièrement conduite. Il faudra donc tenir grand compte dans leur administration de la température et de leur composition.

Le bain frais est beaucoup plus excitant et plus tonique que le bain chaud ou très-chaud, ce dernier ayant surtout une action sédative. Mais, d'autre part, il ne faut pas oublier non plus que l'action des bains sur la peau paraît être dans un rapport à peu près régulier avec leur degré de minéralisation. Température, degré de minéralisation, voilà donc deux termes qu'il ne faut pas perdre de vue pour instituer un traitement thermal.

A l'intérieur, les eaux chlorurées fortes sont moins généralement employées que sous les modes externes. La présence de l'acide carbonique libre en grande abondance dans leur constitution chimique, devient alors une excellente condition pour les administrer en boisson; c'est principalement par cette richesse gazeuse que se distinguent les chlorurées allemandes. L'acide carbonique agit sans doute par ses propriétés intrinsèques, mais surtout en augmentant la digestibilité de l'eau minérale, ce qui a pour effet d'assurer son passage dans l'organisme et son absorption. En France, on en est venu à charger artificiellement certaines eaux trop pauvres en acide carbonique, et c'est là une pratique qu'il y aurait grand intérêt à étendre.

A l'intérieur, les eaux chlorurées fortes déterminent une action purgative, sans que toutefois cette action ait rien de bien constant ni de bien régulier. Ce fait est si vrai que les médecins allemands ont pour coutume assez générale d'ajouter aux eaux quelques sels neutres en vue d'assurer cette action. Enfin, la même eau bue froide produit plus sûrement des effets laxatifs que si on la prend chaude.

L'action excitante des chlorurées fortes se manifeste également sur les reins et sur la peau par de la diurèse et de la diaphorèse. Mais, en général, les effets importants que l'on recherche dans l'administration de ces eaux consistent dans une action *altérante*. C'est sur les phénomènes intimes de la nutrition qu'elles font surtout sentir leur action, au point que l'on a pu dire à bon droit que ces agents thérapeutiques constituent véritablement une *médication reconstituante*.

C'est de ce dernier terme qu'il faut partir pour caractériser la spécialité d'action la plus nette des chlorurées fortes. Leurs indications les plus tranchées sont le lymphatisme et la scrofule avec tous les accidents qui en dépendent : accidents des ganglions, de la peau, des muqueuses, des os, des articulations, plaies atoniques, ulcères, en embrassant dans cette longue série depuis les premiers troubles morbides du lymphatisme exagéré jusqu'aux manifestations extrêmes de la scrofule.

Ces mêmes eaux ont encore une action élective sur la circulation abdominale, action qui a été très-largement mise à profit par les médecins allemands pour combattre ce qu'ils appellent la pléthore ou les vénosités abdominales. Cette activité particulière des eaux se fait plus spécialement sentir sur le système veineux hypogastrique, hémorrhoïdaire et utérin.

Et maintenant, pour procéder à l'examen particulier de chacune des principales sources que nous avons à passer en revue, nous allons suivre l'ordre de la minéralisation décroissante, tel qu'il nous est tracé dans le tableau qui suit. Le tableau ci-contre (p. 36) de la richesse des principales sources chlorurées-sodiques et des *eaux mères* qu'elles fournissent a été établi par MM. O. Henry et Reveil.

Salies de Béarn. — Ainsi que le fait voir ce tableau, notre source française de *Salies de Béarn* se trouve occuper, avec ses 255 grammes de sels par litre, une telle prépondérance dans l'échelle des chlorurées-sodiques fortes, qu'elle mérite une place à part. Il n'existe guère, à notre connaissance, que les eaux salines froides d'*Arbonne* (Savoie), contenant, si nos renseignements sont exacts, 280 grammes de sels, qui puissent marcher parallèlement et qui surpassent même un peu Salies. Mais l'Allemagne ne possède aucune source naturelle aussi minéralisée à mettre en regard ; elle ne peut atteindre à une telle richesse que par ses eaux artificiellement concentrées.

D'une utilisation médicale récente, puisqu'elle ne date que de 1857, la source de Salies a déjà at-

TABLEAU (1)

DE LA RICHESSE DES PRINCIPALES SOURCES CHLORURÉES-SODIQUES ET DES EAUX MÈRES QU'ELLES FOURNISSENT.

NOMS DES SOURCES.	QUANTITÉ DE SEL renfermée dans 1 lit. d'eau.	QUANTITÉ DE SEL renfermée DANS 1 LITRE d'eaux mères.	AUTEURS DES ANALYSES.
Montmorot (Lons-le-Saunier)...	» »	370,60	Braconnot.
Bex, près Lavey...	» »	292,49	Pyrame Morin.
Salies (Béarn)...	255,00	483,493 (Garrigou).	O. Henry père et fils et O. Reveil.
Hammam-Mélouane...	30,05	. . . .	De Marigny-Desfosses.
Salins (Jura)...	29,990	257,720 (Dumas, Pelouze, Favre).	
Nauheim (Hesse-Électorale)...	» »		Chatin, Bromeis.
— Friedrich-Wilhem...	40,3	399,978	
— Grosser Sprudel...	28,4		
— Salzbrunnen...	25,50		
Kurbrunnen...	17,4382		
Salies (Haute-Garonne)...	34,065	. . . .	Filhol.
Hombourg (Hesse)...	16,985	. . . .	Liebig.
Soden...	15,691	. . . .	Figuier et Mialhe.
Anzin (Nord)...	14,6		
Wildegg (Suisse)...	14,377	. . . .	Lauré.
Kreuznach (Prusse)...	12,1819	316,6 (Ozann).	Liebig.
Cheltenham (Angleterre)...	11,019	. . . .	Parker et Brandes.
Ischia (Sicile)...	10,419	. . . .	Lancelloti.
Balaruc...	9,080	. . . .	Marcel de Serres et Figuier.
Kissingen (Bavière)...	8,55492	. . . .	Liebig.
Bourbonne-les-Bains...	7,546	. . . .	Nivet, Mialhe et Figuier.
Saint-Nectaire...	7,01	. . . .	Nivet.
La Bourboule...	6,6695	. . . .	Lecoq.
Heilbronn (Bavière)...	4,900	. . . .	Barruel.
Bourbon-l'Archambault...	4,357	. . . .	O. Henry.
Baden-Baden...	3,000	. . . .	Kœlreuter.
Tercis (Landes)...	2,538	. . . .	Thore et Meyrac.
Bourbon-Lancy (Saône-et-Loire)..	1,751	. . . .	Berthier.
Hammam-Meskoutin (Constantine).	1,45681	. . . .	Tripier.
Luxeuil...	1,113	. . . .	Braconnot.
Néris...	1,110	. . . .	Berthier.
Wildbad (Wurtemberg)...	0,594		
Gastein (Autriche)...	0,341	. . . .	Helfft.

(1) Ce tableau a été formé en 1860; nous le conservons tel qu'il a été établi par ses auteurs, mais il ne faudra pas s'étonner si quelques-uns des nombres cités dans le corps de l'ouvrage ne concordent pas avec ceux-ci. C'est que nous nous appuyons alors sur des analyses ultérieures et plus complètes, en indiquant l'auteur,

teint, en moins de quinze ans, un développement relativement considérable. Déjà, avant la dernière guerre, frappée des succès médicaux qu'on obtient par ces _eaux, la société propriétaire de ces sources, malgré la vogue immense dont l'Allemagne jouissait alors, avait formé un vaste projet pour une meilleure exploitation de cette intéressante station. Le projet va recevoir son exécution, et il ne serait pas surprenant de voir s'élever rapidement, en ce point des Pyrénées, une station incomparable.

On saisira mieux encore l'importance de ce projet après l'examen du tableau de l'analyse chimique. L'eau minérale contient par litre 216^{gr},02 de chlorure de sodium, 2^{gr}, 08 de chlorure de magnésium ; des sulfates de soude, de potasse, de magnésie, de chaux 9^{gr}, 75 ; plus des quantités légères d'oxyde de fer, de phosphate et de bicarbonate de chaux et de magnésie, en tout 5^{gr},5, en y comptant le poids de la matière organique des eaux. Enfin l'eau de Salies présente encore des iodures alcalins, à faible dose, il est vrai ; mais il n'en est plus de même des bromures qui y figurent dans la proportion très-exceptionnelle de 1^{gr},050 par litre.

L'eau de Salies est froide. Sous le rapport de sa constitution chimique, le reproche qu'on serait peut-être tenté de lui adresser est l'absence de l'acide carbonique. Mais ce reproche n'a, en réalité, que peu de valeur. Une eau aussi fortement minéralisée convient surtout à l'usage externe; à l'intérieur, elle n'est et ne doit être employée qu'à faible dose. Il n'y a donc pas lieu, dans ces conditions, d'exiger d'elle une extrême digestibilité.

Sous le rapport thérapeutique, les indications les plus formelles des eaux de Salies sont la scrofule, le lymphatisme et le rhumatisme chronique. Les deux premières de ces diathèses, sous toutes les formes variées qu'elles peuvent revêtir, y sont énergiquement combattues; elles le seront d'autant plus sûrement, fait remarquer l'un des médecins de cette station, M. Coustalé de Larroque, que l'herpétisme héréditaire ou constitutionnel n'aura pas précédé ces mêmes affections, qui, à son avis, rentreraient alors plus directement dans le domaine des eaux sulfureuses.

Les différentes formes du rhumatisme chronique sont également bien impressionnées par les eaux de Salies; il en est de même de l'arthrite chronique, avec ou sans épanchement, des caries osseuses et des nécroses, et de toutes les affections cutanées consécutives aux diathèses arthritique et scrofuleuse.

Les eaux de Salies sont essentiellement reconstituantes : elles paraissent faire sentir leur principale action sur la peau et sur l'appareil digestif. Dès le début de l'autorisation pour l'usage médical de Salies, en 1857, le médecin inspecteur, M. le Dr Nogaret, avait insisté sur l'action sédative que ces eaux exercent sur le système sanguin, ce qui les rend très-salutaires chez les individus à tempérament pléthorique exagéré et disposés aux congestions sanguines. Ce que l'expérience a appris, depuis cette époque, sur les propriétés des bromures, qui figurent en si grande proportion dans les eaux de Salies, suffit peut-être à expliquer en partie le bien fondé de la remarque de M. Nogaret.

NAUHEIM (Hesse-électorale). — En tête des chlorurées fortes allemandes, et eu égard à leur minéralisation, on doit placer Nauheim. C'est une des résidences balnéaires les plus renommées d'outre-Rhin, bien que l'exploitation médicale de ces sources date au plus d'une trentaine d'années.

Dans le groupe des eaux de Nauheim, on signale cinq sources principales, d'une thermalité de 21 à 39° cent.; leur minéralisation varie entre 18^{gr},2 et 40 grammes. Cette gradation des principes minéralisateurs est une des plus heureuses conditions que présente cette station, ainsi que l'extrême richesse des eaux en acide carbonique.

De ces cinq sources, deux, le *Kurbrunnen* (temp.

21°; minéralisation, 17^{gr},44), et le *Salzbrunnen* (temp. 24°; minéral., 25^{gr},07), sont plus exclusivement employées en boisson; les trois autres sont destinées à l'usage externe, bains et douches. L'une d'elles, particulièrement riche en acide carbonique, a pour destination d'alimenter un établissement spécial dans lequel ce gaz est utilisé en applications externes et en inhalations. On fait un grand usage de ce mode de traitement à Nauheim (1).

Dans l'impossibilité où nous sommes de faire successivement connaître la minéralisation de chacune des sources, nous allons prendre comme exemple le *Friedrich-Wilhelm*, la plus riche des cinq (temp. 39° cent.). D'ailleurs, à de légères différences près, les rapports entre les différents éléments minéralisateurs paraissent rester sensiblement les mêmes pour les diverses sources.

Voici comment se répartissent les 40^{gr},365 de sels qui minéralisent l'eau du *Friedrich-Wilhelm* : chlorure de sodium, 35^{gr}100; — de calcium, 2^{gr},750; bro-

---

(1) Des stations françaises, et pour n'en citer qu'une seule, Vichy, chez nous, ont institué une médication analogue. Mais il ne semble pas que, jusqu'ici, les médecins et les malades français s'en soient montrés très-grands partisans. En France, la première tentative de ce genre fut faite à Saint-Alban par M. le docteur Goin père, vers 1840.

mure de magnésium, 0ᵍʳ,0098 ; bicarbonate de chaux, 2ᵍʳ, 360 ; — de fer, 4 centigr. et demi. Joignez à cela des traces d'iode, qui est peut-être à l'état libre, d'arséniate de fer et de nitrates alcalins, et vous aurez l'indication des principes minéralisateurs les plus importants des eaux de Nauheim.

Ainsi qu'il est facile de le prévoir, d'après cette prédominance des chlorures, surtout du chlorure de sodium, et de l'asssociation du fer et du brome, la principale indication des eaux de Nauheim est contre la scrofule, le lymphatisme et les cachexies consécutives à une maladie générale qui exigent l'emploi d'une médication réparatrice et tonique. Mais Nauheim ne peut pas plus sous ce rapport que bon nombre des sources françaises qui nous occupent. L'emploi des *eaux mères* et des *sels de bain* qui, pour Nauheim comme pour Kreuznach, ont obtenu une si grande réputation en Allemagne, dit assez l'importance que, dans ces cas, il faut attacher à la richesse de la minéralisation.

Ce qui formerait plutôt un avantage pour Nauheim, avec la présence en très-grande abondance de l'acide carbonique, c'est l'échelle très-heureusement graduée présentée par la minéralisation de ses cinq sources. Mais ceci est un avantage seulement au point de vue de la richesse particulière de Nauheim, puisque, chez nous , à l'aide de sources diverses, nous pouvons former une gradation bien autrement complète.

Les sources les plus faiblement minéralisées de Nauheim sont souvent recommandées contre les troubles de la digestion : gastralgie, dyspepsie, névralgies diverses liées à la chlorose. Certaines maladies de la peau, et plus particulièrement les scrofulides cutanées, quelques dermatoses à forme sèche, dépendant d'un état cachectique ou chloro-anémique chez des sujets lymphatiques, la constipation, les engorgements du foie et de la rate : telles sont les affections qui forment, avec la scrofule confirmée, le fond de la pratique de Nauheim. Quelles sont celles de ces indications qui ne peuvent être atteintes à l'aide de nos eaux françaises ?

Hammam-Mélouane (Algérie). — Pour les malades auxquels il faut absolument une médication exotique, ou bien dans les cas où le médecin jugera qu'un long déplacement et l'influence d'un climat méridional peuvent être utiles, une cure à notre source algérienne d'Hammam-Mélouane, à 32 kilomètres d'Alger, ne sera peut-être pas sans intérêt.

Les deux sources d'Hammam-Mélouane, chlorurées fortes (30^{gr},011), d'une thermalité élevée (40° cent.), jaillissent, près de Rovigo, au pied de l'Atlas;

elles sont restées l'objet d'une véritable vénération de la part des Arabes qui y font chaque année un pèlerinage.

Le chlorure de sodium tient la principale place dans leur minéralisation, 26^{gr},069; les autres chlorures, de magnésium, de potassium, de calcium et ammonique y figurent dans une proportion incomparablement plus faible; les carbonates de chaux, de magnésie et de fer (0,0025) viennent après. Le sulfate de chaux 3^{gr},126, de la matière organique azotée et des traces d'arsenic complètent la minéralisation.

Malheureusement, l'installation balnéaire d'Hammam-Mélouane laisse encore beaucoup à désirer, et cette insuffisance est d'autant plus à regretter que la médication qu'on y suit est extrêmement énergique et l'eau fortement thermale. On emploie surtout ces sources contre le rhumatisme articulaire chronique, les engorgements abdominaux, les ostéites scrofuleuses et celles qui résultent de blessures par armes à feu.

Salins (Jura). — Les sources de Salins représentent une de nos vieilles réputations françaises; il n'est pas douteux que, sous l'impulsion de l'esprit ingénieux et rempli d'initiative de nos voisins, en ce qui a trait aux eaux minérales, cette station aurait certainement pris un tout autre essor, si elle se trouvait de l'autre côté du Rhin. Salins, qui possède un établissement très-bien installé, une fort belle piscine à eau minérale sans cesse renouvelée, et une excellente installation hydrothérapique, a dû surtout sa réputation première à l'usage des eaux mères qu'il produit en très-grande quantité.

En effet, des nombreuses sources de Salins, toutes recueillies dans d'immenses réservoirs voûtés dont la construction remonte au dixième siècle, une seule est utilisée pour l'usage médical; les autres servent à la préparation du sel commun.

L'eau de la source exploitée, le *Puits-de-Muire*, est froide, 12°,5. Elle contient 27^{gr},417 de chlorure de sodium, de faibles proportions de chlorures de potassium et de magnésium, des sulfates et des carbonates en petite quantité, 0,067 de bromure de potassium, en tout 29^{gr},990 de sels par litre. Depuis plusieurs années, on charge artificiellement d'acide carbonique l'eau minérale qui est destinée à l'usage interne.

Par sa minéralisation propre, et surtout par l'addition des eaux mères très-abondantes des salines, le traitement de Salins représente une médication chlorurée-sodique fort énergique qui peut, sans défaveur, soutenir le parallèle avec celles que l'on institue en

Allemagne aux salines de Kreuznach et de Nauheim.

La médication par les eaux de Salins est altérante, très-tonique, reconstituante et facilement excitante. Sa spécialisation d'action la plus accusée est contre la scrofule, le lymphatisme et l'atonie, principalement lorsque les manifestations de ces maladies — qu'elles siégent aux ganglions, aux articulations, aux os, sur les muqueuses ou sur la peau — revêtent la forme torpide.

Donc en regard de Nauheim, et en vue du traitement du lymphatisme et de la scrofule, nous sommes sans doute en droit de placer Salins, dont la source du Puits-de-Muire, 29^{gr},990 de minéralisation, se trouve encore secondée par d'autres sources qui présentent du chlorure de sodium jusqu'à 100 grammes et plus par litre, sans parler des eaux mères des salines. Si les eaux de Salins ne contiennent pas d'iode — celui-ci existe peut-être dans les eaux de Nauheim, — elles possèdent en revanche du bromure de potassium en assez forte proportion, et ce ne peut être là un détail sans intérêt au point de vue de l'énergie d'action qu'exige le traitement de la scrofule. Les applications thérapeutiques des eaux de Salins ne sont pas uniquement bornées à la scrofule et au lymphatisme; on y traite des paralysies, des rhumatismes et bon nombre d'affections chroniques, principalement lorsque celles-ci sont portées par des sujets mous et atoniques. Mais, volontairement, nous les passons à peu près sous silence, ne voulant nous arrêter, pour chaque source française, qu'aux affections qui caractérisent plus spécialement les applications des eaux.

Si, des eaux chlorurées très-fortes, nous portons notre attention sur des sources d'une minéralisation plus douce, bien que celle-ci reste toujours élevée, ce ne sera sans doute pas nous montrer trop défavorable à l'Allemagne que de faire tomber notre choix sur Kissingen (Bavière).

Auparavant, une autre source française, **Salins** (Savoie), près Moutiers-Tarentaise, doit trouver place ici. Cette station présente, au milieu d'un site de montagnes des plus gracieux et à 492 mètres d'altitude, deux sources thermales (temp. 38° cent.) très-dignes d'intérêt. Leur minéralisation assez élevée, puisqu'elle atteint à 16 grammes par litre, se répartit ainsi : chlorure de sodium, $10^{gr},22$; sulfate de chaux, $2^{gr},40$; sulfates de magnésie et de soude, carbonate de chaux, chlorure de magnésium, faibles proportions, carbonate de fer, 0,15; bromure de sodium, quantité indéterminée, acide carbonique libre, 0,68. M. Calloud et M. le Dr Savoyen y ont successivement démontré la présence de l'iode, de l'arsenic, du cuivre et du manganèse. Enfin, un médecin de Moûtiers, M. C. Laissus, désigne ces eaux du nom d'*eau de mer thermale* (1).

La composition de ces eaux est donc remarquable, et les propriétés thérapeutiques dont elles sont pourvues sont en rapport avec cette composition. Elles s'adressent avant tout à la scrofule et au lymphatisme ainsi qu'à leurs manifestations si multipliées. Ces eaux se prêtent au traitement interne et à l'usage externe. On peut instituer tour à tour par leur moyen une médication reconstituante et tonique, altérante ou résolutive et même purgative, quoiqu'on n'y recherche que rarement ce dernier effet.

On traite encore à Salins les affections rhumatismales et paralytiques, certaines dermatoses de nature scrofuleuse ou herpétique, les névroses et l'état nerveux dépendant de l'aglobulie du sang, les affections chirurgicales avec suppuration invétérée.

Une contre-indication accusée des eaux de Salins (Savoie) consiste dans une tendance aux congestions ou aux névropathies franches, car ces eaux sont très-stimulantes.

Kissingen (Bavière) possède cinq sources froides, dont les deux plus renommées, le *Rakoczy* et le *Pan-*

(1) C. Laissus, *Notice historique, physico-chimique et médicale sur les eaux thermales chlorurées de Salins (Savoie)*. Paris, 1869.

dur, présentent respectivement 9^{gr},442 et 7^{gr},210 de sels par litre, tandis que la plus minéralisée des autres sources, le *Soolensprudel*, atteint à 19^{gr},729. Une autre source, le *Maxbrunnen* (temp., 10°,9, minéral., 3^{gr},222), est uniquement employée comme eau de table.

Le Rakoczy (temp., 9°) est à peu près exclusivement réservé à la boisson médicale; le Pandur (10°) a les deux destinations, externe et interne; les deux autres sources servent à l'usage externe, bains, douches, etc.

Le Rakoczy présente, par litre, parmi ses éléments minéralisateurs les plus actifs : chlorure de sodium, 5^{gr},271, — de potassium, 0,50, — de lithium, 0,02; carbonate de protoxyde de fer, 0,05, plus 3 milligrammes de bromure de sodium. La nature des principes minéralisateurs reste la même pour les cinq sources; seule la proportion, sous laquelle les sels figurent dans chacune d'elles, varie. Aussi est-on très-fondé à leur supposer une origine commune, avec des infiltrations d'eau douce qui viennent les couper en proportions variables. L'eau froide des sources est en outre très-chargée en acide carbonique.

Pour le Soolensprudel, la plus riche des sources de Kissingen, la répartition des éléments minéralisateurs principaux a été ainsi établie par Kastner : chlorure de sodium, 11^{gr},515, — de magnésium,

2^{gr},928, — de lithium, 0,039, sulfate de soude, 2,640, carbonate de fer, 0,045, — de manganèse, 0,009, bromure de magnésium, 0,074, iodure de magnésium, 0,0009, enfin plus d'un litre et demi d'acide carbonique libre par litre d'eau.

C'est par la pratique de Kissingen que l'on peut bien voir les applications très-variées que les médecins hydrologistes allemands savent trouver dans une même eau. Suivant M. Granville, la médication de cette station peut présenter trois caractères : altérante, purgative et dépurative, tonique et fortifiante. On sent ici l'influence considérable qui revient aux doses et aux modes d'administration. Le Rakoczy, source de la boisson, a surtout une réputation immense. Peu pourvue en sources franchement bicarbonatées, l'Allemagne a voulu trouver dans cette dernière le moyen de traitement des affections de l'estomac. Chez les dyspeptiques atoniques, à constitution lymphatique ou scrofuleuse, elle donne, en effet, des résultats satisfaisants. Mais il est loin d'en être de même chez les dyspeptiques à tempérament sanguin, prédisposés aux mouvements congestifs vers les organes viscéraux ou chez les dyspeptiques névropathiques. Quoique ce soit la pratique des médecins allemands, cette eau ne peut être prescrite dans les mêmes cas où l'on donne en France les eaux de Vichy.

Malgré les applications beaucoup plus variées qu'on leur trouve, les véritables indications de ces eaux, reconstituantes mais très-excitantes, restent toujours être la scrofule et le lymphatisme. Leur administration exige de grands ménagements dans les vénosités abdominales, toutes les fois qu'on peut redouter des congestions actives ou des accidents névropathiques. Sans aller aussi loin que l'ont fait certains auteurs français qui ont écrit sur ces eaux, c'est sans doute uniquement par suite de cette même action excitante, qu'elles ne sont pas sans danger chez les tuberculeux à tous les degrés.

Hombourg (Hesse-électorale). — A côté de Kissingen, il convient de placer Hombourg, dont les sources, comme richesse et comme nature de minéralisation, se rapprochent très-sensiblement de celles de la station qui précède. Mais Hombourg a été beaucoup plus fréquenté jusqu'ici par les touristes et les joueurs que par les véritables malades, et le tapis vert y a eu plus d'adorateurs fervents que l'établissement thermal, qui est pourtant très-bien installé.

Également froides, très-riches en acide carbonique, plus minéralisées et plus ferrugineuses, les eaux de Hombourg représentent beaucoup plus que celles de Kissingen, une médication dérivative et reconstituante. Elles s'accommodent mieux aux affections dyspeptiques, mais toujours chez les lymphatiques. La chlorose est heureusement influencée par leur usage, de même que cet ensemble de phénomènes consistant en une congestion des organes du bassin et que les allemands ont nommé pléthore abdominale.

KREUZNACH (Prusse), comme Nauheim, doit beaucoup, pour sa réputation, à ses eaux mères et à ses sels pour bains, qui sont si généralement utilisés, en Allemagne. Leur usage médical remonterait au quinzième siècle, mais il n'y a guère plus d'une quarantaine d'années qu'elles sont aussi largement employées; l'installation balnéothérapique, aujourd'hui fort bonne, a été sans cesse en se complétant depuis cette époque.

Si Kreuznach s'est créé une grande réputation par ses eaux concentrées, il ne faudrait pas croire pour cela que l'eau minérale ait, à l'émergence des sources, une minéralisation extrêmement forte. Celle-ci est bien inférieure à la richesse que l'on trouve dans nos eaux de Salies ou même de Salins. Elle varie entre 8^{gr},604 (*Münster*) et 16^{gr},239 (*Oranienquelle*). Les bâtiments de graduation, qui existent auprès d'elle, ont très-puissamment contribué à la fortune de cette station.

L'*Elisenquelle* (temp. 12°,2) contient : chlorure de

sodium, 8^{gr},745, — de calcium, 1^{gr},600, — de lithium, 0^{gr},073 ; bromure de magnésium, 0^{gr},033 ; iodure de magnésium, 0^{gr},004, en tout 11^{gr},250 de sels par litre. Les autres sources contiennent en outre de 2 à 4 centigrammes de carbonate de protoxyde de fer.

La source dont nous venons d'esquisser l'analyse est la seule qui serve pour la boisson ; comme toutes les chlorurées de même ordre, elle constipe à faible dose et devient laxative à dose plus élevée. Son action générale est tonique et reconstituante. Les autres sources sont réservées à l'usage externe qui se fait par elles seules ou avec addition des eaux mères.

Quant aux indications thérapeutiques des eaux, elles restent pour Kreuznach ce que nous les avons vues être pour les sources qui précèdent. En tête, il faut inscrire le lymphatisme et les affections strumeuses. A Kreuznach, on insiste beaucoup sur la part qui reviendrait, dans ce traitement, à la présence des iodures et des bromures contenus dans les eaux. Peut-être serait-il plus juste d'appuyer davantage sur les propriétés des chlorures ; mais, en acceptant la donnée allemande, il n'est pas possible de ne pas reconnaître que si, pour les iodures, la quantité contenue est à peu près la même dans les deux stations, la proportion des bromures est bien autrement forte dans la source française de Salies de Béarn qu'elle ne l'est à Kreuznach ou encore à Nauheim.

Wiesbaden (duché de Nassau), est pourvu d'une abondance d'eau minérale vraiment extraordinaire. On n'y compte pas moins de 29 sources chaudes ou froides dont les eaux se confondent en un canal unique pour former ce qu'on appelle le *Warmebach* ou rivière thermale. Mais cette profusion d'eau minérale n'est pas la seule chose remarquable de Wiesbaden ; une autre, qui ne l'est guère moins, est la variété des indications auxquelles les médecins allemands prétendent atteindre en mettant à profit les minéralisations diverses (comme quantité), la thermalité, et en variant les modes d'administration. On suppose, non sans raison, que toutes les sources de cette station ont une origine commune dans les schistes du Taunus. Ces sources sont les anciennes *Aquæ Mattiacæ* des Romains.

La température des diverses sources de Wiesbaden varie entre 13° centigrades (*Faulbrunnen*, la seule des sources froides qui soit employée pour la boisson) et 69° (*Kockbrunnen*). Cette dernière source, qui est une des plus suivies, a un total de minéralisation de 8^{gr},772 dans lequel le chlorure de sodium figure pour 6^{gr}635. D'autres chlorures de potassium, de lithium (0^{gr},00018), d'ammoniun, de calcium et de magnésium viennent après, mais en quantité vraiment

insignifiante ; 3 milligrammes de bromure de magnésium, pas même des traces, des « vestiges » d'iodure
du même métal, des traces de carbonate de cuivre,
de manganèse et de baryte, 0^{gr},005 de carbonate de
fer, un dixième de milligramme d'arséniate de
chaux, complétent la minéralisation.

A l'intérieur, les médecins allemands obtiennent
des effets variés, en raison des modes d'administration : à dose fractionnée et en petite quantité, ils
tiennent les eaux pour altérantes ; — à dose moyenne,
ils obtiennent la stimulation des sécrétions et des
effets laxatifs ; — à haute dose (2 litres et plus), et
prises chaudes, effet purgatif très-accusé.

Les applications externes, en s'aidant de la thermalité et des moyens balnéothérapiques, deviennent
tour à tour excitantes et substitutives, résolutives,
toniques ou reconstituantes. D'après ces données,
on voit combien les indications peuvent être multipliées à Wiesbaden, et c'est ce qui existe en effet.
Rhumatismes chroniques, affections goutteuses,
bien qu'en ce point il soit prudent de se montrer
réservé et de s'en tenir à la goutte torpide, états ca-
chectiques, affections palustres, lymphatisme; scrofule, syphilis constitutionnelle, paralysies, et, dans
un autre ordre, troubles de la digestion gastro-intes
tinale, telle est la simple énumération des indica-

tions si variées auxquelles les médecins de Wiesbaden prétendent atteindre. En face d'un cadre d'action aussi étendu, comment ne pas s'étonner de voir
la plupart de nos stations françaises maintenir le
leur aussi restreint?

En regard de ces sources allemandes que nous
venons de passer en revue, examinons l'attitude de
quelques-unes de nos sources françaises correspon-
dantes, et nous saisirons mieux la différence. Prenons d'abord la station de Balaruc.

Balaruc (Hérault), à quelques kilomètres entre
Cette et Montpellier, a une seule source thermale
(temp. 47°), mais très-abondante et qui vient jaillir
sur les bords d'un vaste étang salé, l'étang de
Thau.

Cette source a un total de minéralisation de
9^{gr},080 se décomposant en chlorure de sodium 6,802 ;
—de magnésium, 1,074; des sulfates et des carbonates
de chaux, de potasse, de magnésie en petite proportion, des bromures de sodium, 0,003, et de magnésium 0,032, de l'oxyde de fer en assez minime quantité, enfin des gaz azote et acide carbonique qui, de
même que l'arsenic, se trouvent malheureusement
ne pas avoir été dosés dans l'analyse faite en 1847
par MM. M. de Serres et L. Figuier. M. le professeur
Béchamp et M. Chevallier se sont assurés depuis de la

réalité de la présence de ces principes dans les eaux.

L'eau minérale de Balaruc a les deux destinations, externe et interne. En boisson, elle est en général laxative, même à dose peu élevée. En bains, à une température modérée, elle est tonique et sédative du système nerveux. A une température plus élevée, elle produit la révulsion et celle-ci se trouve encore fortement augmentée par l'usage de la douche.

C'est de cette dernière action que paraissent s'être surtout préoccupés pendant longtemps les médecins de Balaruc en instituant leur traitement des paralytiques. Celte tradition médicale était la même que celle que nous retrouverons en parlant de Bourbon-l'Archambault : stimulation des systèmes musculaire et nerveux, révulsion énergique sur la peau, action laxative sur la muqueuse intestinale. A l'aide de ces moyens, les premiers hydrologistes français attaquaient non-seulement les paralysies franchement rhumatismales ou fonctionnelles, ce que l'on fait encore partout aujourd'hui auprès des eaux chaudes et plus ou moins excitantes, mais aussi les paralysies, suites d'une lésion organique des centres nerveux.

Le rhumatisme chronique et goutteux est une autre affection que l'on traite à Balaruc de toute antiquité, du moins aussi loin que l'on puisse remonter, car il n'est pas douteux que ces eaux n'aient été utilisées par les Romains, *Aquæ Belilucanæ.*

Mais, chose singulière, et qui montre bien le peu de soin que nous prenons de tirer tout le parti possible des ressources que nous avons sur notre sol, la scrofule, le lymphatisme et les diverses cachexies déterminées par les maladies chroniques, — ce qui forme, en somme, le fonds de la pratique allemande, — ne paraissent guère, pendant fort longtemps, avoir arrêté l'attention des médecins de Balaruc. Lors de son passage dans cette station en qualité d'inspecteur, M. Le Bret, le savant secrétaire général de la Société d'hydrologie de Paris, a fait tous ses efforts pour réagir contre cette incompréhensible omission.

Balaruc convient d'autant mieux au traitement de ces maladies, qu'il existe dans son voisinage des marais salants dont on peut utiliser les eaux mères. Cette station offre, en outre de ses eaux minérales, des avantages que l'on ne peut trouver auprès d'aucune des stations allemandes et qu'il suffira d'énumérer : voisinage de la mer, climat méridional, situation sur les bords d'un vaste lac salé. Quant à l'influence que peut avoir la réunion de toutes ces excellentes conditions, l'expérience a prononcé. On en a vu les très-heureux résultats en 1855-56 sur

les soldats scorbutiques et scrofuleux qui, à la suite
de la guerre de Crimée, furent envoyés dans cette
station. Il ne peut donc plus s'agir que de vouloir
enfin utiliser ces précieuses ressources.

En revanche, une des autres traditions de Balaruc,
tradition très-chère aux habitants du voisinage, c'est
que ces eaux prises à haute dose enrayent les
fièvres d'accès. Est-ce reconstitution, est-ce action
spéciale? on sait que, dans ces cas, Aran plaçait la
même confiance dans le chlorure de sodium. Pendant
la guerre 1870 1871, un médecin militaire, M. le
Dr Pioch, a pu, se trouvant dépourvu de sulfate de
quinine, s'assurer de la réalité de ce fait.

Si ce sont là les indications auxquelles se sont
très-volontairement bornés, pendant longtemps, les
médecins de Balaruc, il leur suffira de se rappeler
les applications bien autrement variées que l'on a
su tirer d'autres sources, pourtant à peu près identiques sous le rapport de la composition chimique,
pour qu'ils puissent, à leur volonté, étendre singulièrement le cadre d'action de leurs eaux.

Du reste, ces sources chlorurées-sodiques, de minéralisation modérément élevée, sont assez communes en France; plusieurs d'entre elles sont des plus
intéressantes et on les retrouvera dans la sous-classe
qui suit, car elles tiennent en dissolution du bicar-

bonate de soude en même temps que du chlorure de sodium.

Pour terminer ce qui a trait ici aux chlorurées fortes, nous ne parlerons plus que de *la Motte* (Isère) et de *Bourbonne* (Haute-Marne). Pourtant, nous ne pouvons passer sous silence les noms de deux sources qui, pour faire partie de la portion de territoire cédée à l'Allemagne, n'en restent pas moins françaises à nos yeux. Nous voulons parler de *Sierck* (Moselle) et de *Niederbronn* (Bas-Rhin).

La Motte (Isère). — Les eaux chaudes de *la Motte* 58 à 60°, iodurées, bromurées, arsenicales, ferrugineuses, avec $2^{gr},540$ de sulfates alcalins et $3^{gr},80$ de chlorure de sodium par litre, ont étendu leur action beaucoup plus que la station dont nous parlions en dernier lieu, tout en prenant le soin de formuler très-nettement leurs spécialisations principales. En tête des affections qui y sont traitées avec le plus de succès, il faut placer le rhumatisme, principalement le rhumatisme articulaire sur lequel elles exercent une action résolutive assez puissante. Il en est de même pour les engorgements articulaires d'origine scrofuleuse, même les tumeurs blanches et les coxalgies. La sciatique est une autre affection qui est heureusement influencée par les eaux de la Motte.

Leur action résolutive trouve utilement à s'exercer

dans la métrite chronique, les engorgements utérins et ovariques. C'est là un point que M. le Dr Dorgeval-Dubouchet s'est tout particulièrement appliqué à mettre en évidence.

Outre ces applications thérapeutiques, qui sont plus particulièrement spéciales à cette station, les eaux de la Motte se prêtent à toutes les applications communes des chlorurées fortes : scrofule, lymphatisme, débilitation, cachexie. Et, à ce propos, c'est l'occasion de rappeler que MM. Breton et Buissard y ont dosé l'arsenic à 0,00011 par litre.

Enfin à la Motte, comme à Balaruc, à Bourbonne et surtout à Bourbon-l'Archambault, on traite les paralysies hémiplégiques, suites d'apoplexie, par un traitement thermal énergique appliqué fort peu de temps après l'accident. Nous nous étendrons avec détails sur cette médication dans une autre partie de ce travail (1). Qu'il nous suffise de noter, en ce moment, que M. Buissard n'a pas vu, à la Motte, les accidents survenir sous cette influence puissante, pas plus que ses confrères de Bourbon-l'Archambault, le Dr Regnault et M. Périer.

Bourbonne (Haute-Marne). — Et notre antique station de Bourbonne, connue des Romains, très-

(1) Voyez les notices sur Balaruc, Bourbonne et Bourbon-l'Archambault.

suivie durant longtemps, célébrée par Boileau, un peu délaissée, et très à tort, depuis quelques années, principalement par suite du courant allemand, quelle revendication n'a-t-elle pas à attendre aujourd'hui de la part des malades et des médecins français ?

Avec ses trois sources fortement thermales (temp. 50 à 58°) déversant des eaux minéralisées par du chlorure de sodium $5^{gr},783$, — de magnésium $0^{gr},392$, une légère proportion de sulfates et du carbonate de chaux, en tout $7^{gr},546$ de principes minéralisateurs par litre, elle est la station de France qui, à l'appréciation de MM. Mialhe et Figuier, a la plus grande analogie avec Wiesbaden. Il faut noter encore que Bourbonne est l'une des eaux les plus bromurées que nous connaissions ($0^{gr},065$) et que, en outre, M. Chevallier y a noté la présence de l'arsenic.

A Bourbonne, où il y a un hôpital thermal militaire fort important, on s'est peut-être trop appesanti, par suite même de la clientèle qui fréquente en plus grand nombre cet établissement, sur le traitement des affections rhumatismales et chirurgicales. M. Bougard a déjà montré (1) combien on avait eu tort de négliger, comme on l'a fait, dans la station auprès de laquelle il exerce, le traitement du lym-

(1) Bougard, *des Eaux chlorurées-sodiques thermales de Bourbonne-les-Bains*. Paris, 1857.

phatisme et de la scrofule, jadis si préconisé. Les maladies des os, fractures, luxations anciennes, les ulcères, les abcès fistuleux tiennent une grande place dans les applications du traitement de Bourbonne, avec les trois grandes variétés de rhumatisme : articulaire, musculaire et goutteux.

Les hémiplégies, suites d'apoplexie, sont également traitées à Bourbonne. Mais cette médication y est très-opposée, dans les moyens qu'elle emploie, à ce qu'on la voit être ailleurs, et notoirement à Bourbon-l'Archambault. A Bourbonne, on n'entreprend le traitement qu'après qu'un temps assez long s'est écoulé depuis l'accident originel. En outre, la médication hardie de Bourbon est singulièrement mitigée à la station qui nous occupe. On n'y use plus que de bains à douce température, de courte durée, et la douche prend le rôle principal. On y emploie en même temps de légers purgatifs et assez peu l'eau minérale à l'intérieur.

Prat, qui a écrit sur cette question du traitement de la paralysie à Bourbonne, fait bien sentir, dans le passage suivant, toute la douceur de ce traitement. Nous le citons, comme très-significatif, en avertissant que ce qu'il disait de la pratique de Balaruc, en 1827, n'est plus exact aujourd'hui pour cette dernière station : « Il semble, dit-il, qu'à Balaruc, on veuille traiter la paralysie par de fortes secousses, et à Bourbonne par des mouvements doux et gradués. Là on donne l'eau comme purgative et comme fulminante; ici, on n'est point fâché qu'elle purge, mais on la donne comme un altérant. Là on emploie une très-grande chaleur, ici on la craint et on la ménage, trop peut-être... »

L'établissement de Bourbonne, administré en régie, est une propriété de l'État. Si cette station peut enfin sortir de la position difficile que lui fait, depuis trop longtemps, cette protection élevée, mais absolument dépourvue d'initiative, et vivre de sa propre vie, nul doute que la pratique hydrologique ne s'y ressente promptement de cet essor, et que les eaux allemandes ne trouvent en ces sources de redoutables rivales.

Sierck (Moselle). — Ces deux sources froides (températ., 12°) ont une minéralisation assez élevée, $12^{gr},719$ par litre. Riches en chlorures, chlorure de sodium $8^{gr},280$, — de calcium $2^{gr},281$, elles contiennent en outre $1^{gr},388$ de sulfate de chaux, des carbonates en faible proportion, parmi lesquels $0^{gr},034$ de carbonate de fer, des traces d'iodure de magnésium et une quantité très-remarquable de bromure du même métal, $0^{gr},091$.

Les eaux de Sierck sont principalement utilisées en boisson. La nature et la richesse de leur minéralisation les a fait expérimenter dès longtemps contre les affections scrofuleuses, et ces essais, tentés dans les hôpitaux du département de la Moselle, ont été couronnés par de réels succès. Aussi, avait-on agité, à différentes reprises, la question de créer à Sierck un important hôpital pour les enfants scrofuleux et faibles des populations ouvrières des régions de l'Est, en vue de procurer à ces intéressants malades les ressources que l'Assistance publique a créées, à l'usage des enfants de Paris, à son établissement de Berck-sur-Mer. Ce projet aurait sans doute reçu bientôt son exécution ; nous ne sommes pas éloigné de croire que les atermoiements qu'il a dû subir n'ont pas été sans influence sur l'état très-imparfait dans lequel a été laissée l'installation balnéaire auprès des eaux de Sierck.

Niederbronn (Bas-Rhin). — Il s'en faut que ces eaux aient une minéralisation aussi élevée. Avec leur faible proportion de chlorure, moins de 4 grammes, leur absence de thermalité (17°,5) et leur propriétés gazeuzes, elles s'approprient bien aux maladies de l'appareil digestif. Nul doute que si cette station se fût trouvée de l'autre côté du Rhin, elle ferait dès aujourd'hui une redoutable concurrence à Vichy pour le traitement de ces affections. Il faut cependant distinguer. L'indication véritable des eaux de Nieder-

bronn, si elle se rapporte à la dyspepsie proprement
dite, comporte aussi avec elle l'existence de la maladie chez un sujet lymphatique et s'applique surtout
à l'état muqueux de l'appareil digestif.

Deux médecins de Niederbronn, MM. Kühn, père
et fils, ont fréquemment insisté sur l'opportunité
de l'emploi de ces eaux contre les engorgements du
foie, les calculs biliaires, et l'obésité. Mais, pour les
deux premières affections du moins, les indications
se trouvent encore beaucoup moins formelles qu'en
ce qui concerne Vichy. On applique aussi ces eaux
contre les engorgements de l'appareil utérin, le rhumatisme, la paralysie ; mais, dans tous ces cas, il faut
toujours tenir compte du fond de la constitution du
sujet, et viser avant tout le lymphatisme.

Niederbronn est une ancienne station balnéaire
qui, bien que dénuée d'établissement spécial, est
parfaitement disposée pour les baigneurs, puisqu'on
y trouve une installation suffisante presque dans chaque hôtel. Les Romains ont laissé de très-nombreuses
traces de leur passage aux alentours des sources.
Pour Niederbronn, comme pour Sierck, on ne voudra pas oublier que, bien que momentanément sé-
parés, ce sont toujours des compatriotes, et non
des moins ardents, que les Français retrouveront
auprès de ces sources.

4.

2° LES EAUX MÈRES OU MUTTERLAUGEN.

EAUX MÈRES FRANÇAISES.	EAUX MÈRES ALLEMANDES.
Salies de Béarn.	Kreuznach.
Salins (Jura).	Nauheim.
Montmorot.	

S'il n'y avait à s'occuper, à propos des eaux mères, que de la somme de sels qui les minéralisent, sans tenir autrement compte de la nature de ces différents sels et de la proportion sous laquelle chacun d'eux figure dans le produit concentré, on pourrait à peu près s'en tenir à l'examen du tableau comparatif de leurs analyses publié plus haut (1).

Mais, que de l'aveu d'un grand nombre de médecins, et notamment de Trousseau, il soit bien difficile de dire « lequel des sels contenus dans les eaux mères peut, à bon droit, revendiquer l'honneur de certaines cures », on conçoit qu'il ne puisse plus être indifférent, eu égard aux progrès véritables que fait de nos jours la thérapeutique, de nettement établir par quels principes les eaux mères

(1) Voyez page 36.

diffèrent davantage les unes des autres. Ce que la pratique médicale n'a pu encore clairement reconnaître, l'analyse chimique aidera sans doute à le démêler ; on est en droit de l'espérer, du moins.

Cette pratique des eaux mères est d'origine tout allemande, et l'on sait la réputation que Kreuznach et Nauheim se sont méritée par leur emploi. Depuis, cette pratique s'est largement généralisée ; aujourd'hui encore ce sont ces deux sources qui approvisionnent d'eaux mères les stations de leur voisinage, imitées en cela, et pour d'autres régions, par *Elmen*, *Sassendorf* (Prusse) et *Salzungen*, bien que la production de ces dernières soit bien moindre.

En France, les ressources sont loin de nous manquer pour instituer une semblable médication. Mais *Salins* (Jura) fut longtemps à peu près seul à lutter pour nous affranchir de ce tribut. Depuis, à mesure que l'emploi se généralisait, la production des eaux mères, en vue d'un usage médical, s'établissait en différents points. Actuellement, la source de *Salies de Béarn* (Basses-Pyrénées) est en état de produire, et produit en quantités énormes, des eaux concentrées qui n'ont guère à redouter la concurrence pour la valeur de leur composition chimique et de leur prix de revient. Nous en reparlerons bientôt.

Les salines de *Balaruc* (Hérault), celles de la Meurthe, à *Dieuze*, les marais salants de nos côtes, tout particulièrement ceux de l'Ouest et du Midi, ainsi que les salines de l'Est, peuvent nous dispenser facilement de payer à l'Allemagne une contribution qui n'aurait pour raison d'être qu'une étiquette connue.

Pour une seule région de la France, le Sud-Ouest, le sel gemme est exploité à sec à *Dax* (Landes), et à *Villefranche*, près de Bayonne, dans le terrain de trias, comme en Allemagne. *Salies*, près Boussens (Haute-Garonne), peut fournir également des eaux concentrées. Il en est de même dans l'Ariége, à la source mal exploitée de *Camarade* (Dr Garrigou). Que d'exemples ne pourrait-on encore citer !

La composition des eaux mères est loin d'être la même pour toutes les sources. Les différences sont même assez tranchées. C'est ainsi, par exemple, que dans les eaux mères de Nauheim, comme dans celles de *Bex* (Suisse), prédomine surtout le chlorure de magésium, tandis que les produits concentrés de Kreuznach se distinguent par une forte prédominance de chlorure de calcium. Au contraire, dans les eaux françaises de Salies et de Salins, c'est bien le chlorure de sodium qui figure comme principal agent de minéralisation.

Ces remarques s'appliquent aussi bien aux autres sels des eaux mères qu'aux chlorures, et elles sont loin d'être sans intérêt en ce qui a trait, par exemple, aux bromures et aux iodures. Si nous avions à insister davantage sur ce point, nous rappellerions que l'on verse depuis un litre jusqu'à vingt litres d'eaux mères dans un bain. Or, si un kilogr. d'eau ne contient pas moins de 3 à 400 grammes de sels, il en résulte que chaque bain peut présenter de 1 à 8 kilogr. de matières salines, ce qui peut produire, pour les bromures, en particulier, de 15 à 20 grammes par bain.

Les eaux mères se présentent sous l'aspect d'un produit consistant, sirupeux, de couleur plus ou moins brune, assez semblable à de la mélasse; la saveur en est âcre, saumâtre, très-désagréable et l'odeur caractéristique. Malgré cela, l'usage des eaux mères a été tenté à l'intérieur, mais sans grand résultat, tant est profonde la répugnance qu'elles inspirent au goût. On les emploie presque exclusivement en bains et, quelquefois, en applications externes.

En bains, leur principal effet est une puissante stimulation. On les administre comme toniques et reconstituantes dans la chlorose et l'anémie, et dans toutes les affections par débilitation. Mais c'est au lymphatisme et surtout à la scrofule, dans toutes ses formes et dans tous ses états, qu'elles s'adressent le plus directement.

Pour terminer ce que nous pouvons dire ici des eaux mères, nous allons indiquer sommairement quels sont les sels qui dominent dans les produits de chaque source, en prenant le soin d'insister davantage sur ceux qui suffisent, en quelque sorte, à constituer une caractéristique thérapeutique plus accusée.

En tête de ces eaux concentrées, et malgré les réputations dès longtemps acquises de Kreuznach et de Nauheim, il faut placer la source de **Salies de Béarn**, qui, par sa richesse, tient déjà, on le sait, la première place parmi les chlorurées-sodiques naturelles. Sous le rapport des eaux mères, nous allons voir quelle supériorité celles-ci présentent par leur composition chimique et l'intérêt qu'il y aurait à les mieux utiliser.

Il est à peine croyable que, depuis des années, des quantités énormes de ce produit, fortement chloruré et si riche en bromures, soient quotidiennement déversées dans la montagne et entièrement perdues pour l'usage médical aussi bien que pour les applications industrielles auxquelles il pourrait convenir. Un vaste projet vient enfin d'être formé en vue de transformer complétement la station de Salies et de l'amener à un degré de perfection qui en fera un de nos premiers établissements français.

Nous savons aussi qu'un savant, médecin et chimiste, M. Garrigou, s'occupe tout particulièrement de l'utilisation à donner à ces produits concentrés. On doit vivement désirer qu'il soit convenablement secondé dans les efforts qu'il fait dans ce but, car il y a là matière, pour notre pays, à des applications importantes.

En considérant les sels hydratés et non anhydres, ainsi que l'a calculé le même chimiste, on peut dire que l'eau mère de Salies, à 35° Baumé, renferme plus de la moitié de son poids de substances solides. A l'état anhydre, ces mêmes substances se chiffrent par 486 grammes 49 centigrammes par litre.

Dans ce nombre si élevé, le chlorure de sodium figure pour 223 grammes, ceux de potassium (55 grammes), de lithium (1 gramme 50), de calcium (1^{gr},80) y sont en faible quantité, tandis que le chlorure de magnésium y atteint à 155^{gr},203. Le sulfate de soude entre dans ces eaux pour un peu moins de 12 grammes ; le bromure de magnésium y est représenté par le chiffre énorme de 10 grammes par litre, l'iodure du même métal par 0,949 ; enfin, des traces de bicarbonate de soude, 0,180 d'alumine et de fer, et 15 grammes de matières organiques complètent cette minéralisation des eaux concentrées (analyse de M. Garrigou).

Dans les eaux-mères des salines françaises de **Salins** (Jura) et de **Montmorot**, près de Lons-le-Saunier, la prédominance du chlorure de sodium sur les autres chlorures reste toujours très-tranchée. On en jugera mieux d'ailleurs par l'examen de l'analyse de ces eaux concentrées, pour 1000 grammes. En regard, nous placerons l'esquisse des deux eaux concentrées les plus réputées de l'Allemagne, de KREUZNACH et de NAUHEIM. Il sera plus facile, ensuite, de mieux faire ressortir les différences.

EAUX MÈRES FRANCAISES.

EAUX MÈRES DE **Salies** (Basses-Pyrénées).

	gr.		gr.
Chlorure de sodium..	223,335	Report........	448,272
— de potassium	55,009	Silicate de soude....	0,272
— de lithium...	1,500	Bromure de magnésium............	10,000
— de calcium..	1,800	Iodure de magnésium	0,949
— de magnésium......	155,203	Bicarbonate de soude.	traces
Alumine et fer.......	0,180	Matière organique....	15,000
Sulfate de soude.....	11,245	Perte.............	12,000
A reporter....	448,272	Total........	486,493

(Dr Garrigou, 1871.)

EAUX MÈRES DE **Salins** (Jura).

	gr.		gr.
Chlorure de sodium..	157,980	Report......	220,820
— de magnésium.....	31,750	Sulfate de magnésie..	19,890
— de potassium.....	31,090	Sulfate de potasse...	10,140
		— de soude.....	4,170
		Bromure de potassium	2,700
A reporter....	220,820	Total.........	257,720

(Dumas, Favre et Pelouze.)

EAUX MÈRES DE **Montmorot.**

	gr.		gr.
Chlorure de sodium..	183,80	Report.......	269,40
— de magnésium.....	64,50	Sulfate de soude.....	48,00
— de potassium.....	21,10	— de potasse....	7,60
		— de magnésie..	40,60
		Bromure de potassium	5,50
A reporter...	269,40	Total........	370,60

(Braconnot.)

EAUX MÈRES ALLEMANDES.

EAUX MÈRES DE KREUZNACH.

	gr.		gr.
Chlorure de sodium..	7,856	Report......	15,113
— de magnésium.....	5,005	Chlorure de calcium..	205,430
— de potassium.....	2,252	Bromure de magnésium................	2,600
		Bromure de sodium..	8,700
A reporter..	15,113	Total......	231,843

(Ozann.)

BARRAULT, Eaux min. 5

EAUX MÈRES DE NAUHEIM.

	gr.		gr.
Chlorure de sodium.	7,72651	Report. . .	299,47764
— de potassium. . .	14,21323	Chlorure de fer...	0,50080
— de calcium	247,37213	Chlorure de manganèse.........	
— de magnésium. . .	28,82463	Chlorure d'aluminium.	traces.
Sulfate de chaux...	0,61710	Substances organiques.	
Bromure de magnésium.............	0,72404	Eau.............	600,02153
A reporter.	299,47764	Total...	1000,00000
		(Broméis.)	

De l'examen de ces diverses analyses, il résulte que la plus chlorurée des sources qui sont ici à l'étude est celle de Salies de Béarn (440 grammes) ; c'est aussi cette eau minérale qui est la plus riche en chlorure de sodium (223 grammes); après elle viennent, pour ce même sel, nos deux autres eaux françaises de Montmorot (183 grammes) et de Salins (157 grammes). Ce sel n'existe qu'en faible quantité dans les deux sources allemandes de Kreuznach (1 grammes 856) et de Nauheim (7 grammes 726).

Au contraire, il faut noter que les eaux mères de Kreuznach, ainsi que celles de Nauheim, se trouvent être principalement minéralisées par le chlorure de calcium, et, enfin, que le chlorure de magnésium, très-abondant à Salies de Béarn (155 grammes), l'est beaucoup moins à Kreuznach et à Nauheim.

Les bromures, auxquels la thérapeutique actuelle accorde un si grand rôle, ne présentent pas de moins grandes différences sous le point de vue de la manière dont ils sont répartis. En ceci le premier rang appartient à Kreuznach, qui a un peu plus de 11 grammes de bromures de sodium et de magnésium par litre ; mais si Salies ne vient qu'au second rang (bromure de magnésium 10 grammes), son infériorité est bien minime par rapport à cette source, et elle est largement compensée par l'extrême abondance des autres sels et particulièrement du chlorure de sodium. On a vu que les eaux de Nauheim sont fort mal partagées sous le rapport des bromures, et les eaux mères de Salins (bromure de potassium 2 grammes 7) et de Montmorot (bromure 5, 50), quoique moins richement pourvues que celle de Salies, restent de beaucoup supérieures à la dernière source allemande que nous venons de nommer.

Les iodures ne figurent pas dans les analyses des eaux mères allemandes. En France, nous retrouvons l'iodure de potassium à la dose d'un peu moins d'un gramme dans l'eau de Salies. Cette proportion est plus de dix fois plus forte que celle qui se rencontre dans les eaux renommées de Bex (Suisse).

Ces dernières eaux ne contiennent que 8 centigrammes d'iodure de magnésium par litre.

Si sommaires que soient ces indications sur les eaux mères, et si peu accusées que soient les données à retirer pour la thérapeutique de ces indices chimiques, elles suffisent pourtant à établir que, sous le rapport des eaux mères, la France est assez bien pourvue chez elle pour ne pas être dans d'obligation d'emprunter à sa voisine d'outre-Rhin.

Bien que la question du mode d'action des eaux mères ne soit encore qu'incomplétement jugée, il est permis d'espérer que les praticiens trouveront dans l'examen de ces analyses quelques renseignements qui leur permettront de diriger leur choix avec plus de certitude. On doit croire aussi que le jour où l'une des sources françaises, que nous venons de passer en revue, livrera au commerce, dans un but médical, des eaux mères, à des conditions faciles, on verra se généraliser dans la pratique des villes cet usage des bains salins, donnés avec des eaux concentrées, au moyen desquels on obtient de si heureux résultats auprès des sources mêmes.

3° EAUX CHLORURÉES-SODIQUES MOYENNES.

SOURCES FRANÇAISES.	SOURCES ALLEMANDES.
Bourbon-l'Archambault.	Baden-Baden.
Châtelguyon.	Selters.
Préchacq.	
Saubuse.	
Tercis.	

Le traitement par la classe des chlorurées-sodiques fortes, que nous venons de passer en revue, consiste principalement en applications externes; le bain et les agents balnéothérapiques en forment le fond, et ils en sont même les représentants presque exclusifs auprès de certaines sources. Ces bains chlorurés-sodiques sont par eux-mêmes excitants, mais, avec cette remarque importante à noter, que leurs effets aboutissent toujours à une action tonique, lorsque l'administration des eaux est régulièrement conduite.

Les indications principales de ces eaux fortes sont avant tout la scrofule, le lymphatisme, l'anémie et la chlorose, lorsque celles-ci sont poussées fort loin, la débilité générale, enfin le rhumatisme chronique sous toutes les formes, lorsque la thermalité vient se joindre à la minéralisation élevée.

Si, avec les eaux chlorurées-sodiques moyennes et faibles, la médication externe reste toujours le moyen principal, il ne faut pourtant pas négliger l'action qui peut appartenir au traitement interne, surtout avec les premières de ces eaux. On peut dire, d'une façon générale, que, prises à petites doses, et lorsqu'elles sont bien tolérées, elles augmentent l'appétit et favorisent la digestion. Elles ont, sur l'appareil digestif, une action purgative, mais peu certaine, et qui paraît liée jusqu'à un certain point à la température de l'eau, puisque cette action ne se produit que fort rarement avec les eaux bues chaudes.

L'action la plus manifeste se traduit sur la peau par une abondante diaphorèse, et aussi, bien que moins régulièrement, sur l'appareil urinaire par de la diurèse. Un autre point non moins important à noter de la médication chlorurée-sodique, c'est l'activité particulière qu'elle imprime à la circulation abdominale, système veineux hypogastrique, hémorrhoïdaire et utérin.

La plus connue du public, — si ce n'est la plus fréquentée par les véritables malades, — des eaux chlorurées-sodiques moyennes d'Allemagne est certainement BADEN-BADEN (grand-duché de Bade).

Les sources qui y coulent, toutes fortemeut thermales (de 44 à 67° cent.), sont au nombre de treize, ayant chacune son nom, bien qu'elles ne présentent que peu de différence dans leur composition. La source principale, avec une assez forte proportion d'acide carbonique libre, donne un total de 2 gr. 876 de sels. Le chlorure de sodium (2^{gr},151) figure dans ce total pour la majeure part; sous le rapport thérapeutique, il faut signaler aussi des bicarbonates alcalins de chaux et de magnésie en très-minimes proportions, du fer, des traces de manganèse, des indices d'arséniate de fer et de bromure de sodium, et enfin des sels de lithine sur l'action desquels on s'est très-fort appesanti dans ces dernières années.

A Bade, l'art et la culture en grand des moyens de plaisirs de tout genre l'ont emporté de tout temps sur la science et sur la réelle utilisation médicale des eaux. Cette station, prospérant d'ailleurs sous la très-habile et très-distinguée direction d'un Parisien, homme de goût, n'a guère pensé jusqu'ici à utiliser sérieusement ses eaux que lorsqu'elle tremblait trop pour l'existence de son tapis vert. On peut dire qu'elle était pour nos touristes et nos malades français une des meilleures amorces qui pussent servir à entraîner nos baigneurs jusqu'aux autres stations de l'Allemagne.

On aurait quelque peine à caractériser médicalement la pratique thermale de Bade, l'ancienne *Civitas Aurelia Aquensis* des Romains, tant elle se trouve complexe dans les moyens qu'elle emploie, depuis les bains, les douches, les inhalations de vapeur, le bain de vapeur (*Dampfbad*), jusqu'à la trinkhalle qui présente au baigneur toutes les eaux minérales d'Europe réunies, jusqu'aux fumigations de pommes de pins, à la cure de petit-lait et autres moyens hygiéniques.

Si, comme fréquentation, il n'est rien d'aussi cosmopolite que le public de Bade, nous ne connaissons rien non plus d'aussi mêlé comme pratiques médicales. Pour le traitement, la thermalité des eaux paraît être la plus importante des propriétés que le médecin y met à profit. La boisson y est usitée, mais presque toujours concurremment avec d'autres eaux, et le plus fréquemment avec les sels de Carlsbad.

Si, pour les motifs énoncés plus haut, Bade n'a eu jusqu'à cette époque que fort peu à s'occuper de généraliser l'emploi de ses eaux thermales, il faut reconnaître que cette station possède une des installations balnéothérapiques les plus grandioses que l'on puisse rencontrer. Ce fait était, du reste, quelque peu une nécessité, car, nous venons de le dire, c'est avant tout sur la thermalité des sources que les praticiens paraissent compter pour instituer le traitement.

Quant aux affections que l'on rencontre le plus souvent à Bade, ce sont principalement des formes du rhumatisme et de la goutte pour lesquelles on redouterait la stimulation d'eaux plus énergiques, des dyspepsies atoniques, des névralgies et des paralysies symptomatiques d'affections rhumatismales.

En France, comme ville de plaisirs, nous n'avons rien à opposer à Bade tel que nous l'avons connu jusqu'ici avec ses jeux, et il ne le faut pas trop regretter. Mais, dans cet ordre des chlorurées moyennes, nous possédons tout un groupe de stations fort intéressantes au point de vue médical, et vers lesquelles nous souhaitons vivement de voir les vrais malades se tourner, tant dans leur intérêt que dans celui de ces stations.

Bourbon - l'Archambault, Chatelguyon, Préchacq , Bourbon-Lancy, Luxeuil, Bains, que nous retrouverons aux chlorurées-sodiques faibles ; *Néris, Saint-Nectaire,* que l'on range plus habituellement dans les bicarbonatées mixtes, mais qui confinent à cette même classe, méritent d'être cités en tête de ce groupe.

Bourbon-l'Archambault (Allier), par sa source chlorurée - sodique bromo - iodurée thermale, se trouve sur la limite des eaux fortes et des eaux moyennes, et leur forme une heureuse transition. Cette source, si elle est unique, coule du moins avec une abondance qui permet de répondre à tous les besoins d'un établissement fort connu. L'eau (temp. 52°) a 4^{gr},357 de minéralisation, se décomposant ainsi : bicarbonates alcalins, 1^{gr},344, chlorure de sodium, 2,240, crénate de fer, 0,017, bromures alcalins, 0,025, plus une faible proportion d'iode et de manganèse qui ont été dosés par M. Boursier. Enfin, complément très - précieux, Bourbon-l'Archambault possède en outre deux sources bicarbonatées ferrugineuses (*Jonas* et *Saint-Pardoux*) dont les eaux, fort agréables à boire, se prêtent parfaitement soit à une destination médicale, soit à un simple usage hygiénique.

La médication de cette station comporte à la fois l'usage externe et l'usage interne des eaux ; mais, comme à Bourbonne, c'est surtout la première forme de traitement qui y prédomine. Elle consiste avant tout en bains de piscine, douches et massage. Cela tient à ce qu'une grande partie de la clientèle de cette station vient s'y soigner de paralysies et de rhumatismes. Si ce sont là deux des indications principales des eaux de Bourbon, ce ne sont pas les seules, il s'en faut. La scrofule et le lymphatisme sont heureusement modifiés à ces thermes. On met alors en jeu les propriétés altérantes, puis reconstituantes des eaux. C'est même chez les lymphatiques et les scrofuleux, et pour les maladies chroniques portées par des sujets de ce tempérament que la médication de Bourbon-l'Archambault est plus particulièrement active ; de même, elle rend de rares services dans le traitement des rhumatismes articulaires avec engorgement.

On conçoit quel secours on peut attendre d'eaux ainsi minéralisées pour améliorer la constitution des enfants débiles et des femmes atteintes d'affections utérines. Mais une médication toute spéciale à cet établissement est celle qui consiste à attaquer par le traitement thermal les hémiplégies d'origine cérébrale dans un temps très-court après l'accident qui leur a donné naissance. Cette pratique exceptionnelle a été l'objet de longues discussions dont nous ne pouvons que mentionner le souvenir ici.

Le traitement des hémiplégies se fait à Bourbon, comme à Balaruc, d'une façon fort active ; il consiste en boisson, bains de piscine de 35° pendant 10 à 15 minutes, suivis de douches très-chaudes et données avec force ; bains de jambes, le soir ; application d'eau froide sur la tête. Si énergique que soit cette médication, elle n'est jamais suivie d'accidents, au témoignage de MM. Regnault, Caillat, et Périer. Notons encore ce fait que, à l'encontre des opinions généralement reçues, les médecins de Bourbon, dont nous venons de citer les noms, affirment que ce traitement a d'autant plus de chance de réussir qu'il est appliqué dans un temps plus court après l'accident. Pour leur compte, ils n'ont pas eu à se repentir de l'avoir mis en usage six semaines, un mois, et même 3 semaines après l'accident initial.

Chatelguyon (Puy-de-Dôme), en n'envisageant que le chiffre total de sa minéralisation (7^{gr},281), ne devrait pas figurer dans le groupe des eaux chlorurées moyennes. Mais en examinant de plus près le tableau de sa constitution, on voit que le chlorure de sodium n'y entre que pour 1^{gr},874, celui de magnésium pour 0,989, et le chlorure de potassium pour 0,160. Les bicarbonates alcalins de chaux, de strontiane et de magnésie y comptent pour 2^{gr},282, l'acide carbonique libre pour 1^{gr},550. Dans ces eaux, les chlorures l'emportent donc peu sur les bicarbonates, et il faut remarquer en outre qu'elles sont ferrugineuses (bicarbonates de fer et de manganèse, 0,0489, avec des traces d'arséniate de fer) ; enfin, elles sont faiblement iodurées et bromurées.

Il résulte de là que la médication thermale de

Châtelguyon se trouve avoir une double série d'indications : d'une part, en faisant prédominer le traitement externe, contre les rhumatismes articulaires chroniques, dans les engorgements lymphatiques des articulations ou tumeurs blanches, dans les rétractions des muscles ou des tendons, dans les paralysies ou les atrophies musculaires avec roideurs articulaires. Par l'usage interne, au contraire, on en obtient une partie des effets des eaux ,de Vichy, plus particulièrement dans les cas d'engorgement des organes glandulaires de l'abdomen et dans certaines affections atoniques de l'appareil de la digestion.

En réalité, les eaux de Châtelguyon, moins fortement chlorurées que celles qui précèdent, sont aussi moins franchement antiscrofuleuses ou antilymphatiques. Leur richesse en bicarbonates les rapproche davantage de celles de Saint-Nectaire, ou mieux des eaux de la Bourboule.

Nous n'avons nommé la source froide de *Préchacq* (Landes) que pour avoir l'occasion de signaler tout un petit groupe d'eaux chlorurées-sodiques moyennes et faibles, les sources de *Pouillon*, de *Saubuse*, de *Tercis*, qui se trouvent dans la même région. Ces sources, trop ignorées, bien que chacune d'elles soit pourvue d'une installation très-convenable, présentent comme caractère de leur constitution chimique la présence des sulfates, en quantité très-notable pour quelques-unes ; toutes, à des degrés divers, sont sulfurées, par suite de la décomposition secondaire du sulfate de chaux.

Les eaux froides de **Préchacq** sont faiblement minéralisées ; le total des sels n'y est que de 1^{gr},106 se décomposant en chlorure de sodium 0,334, — de magnésium 0,116, sulfate de soude 0,318, sulfate de chaux 0,292 et un peu de silice. On les emploie à peu près exclusivement en bains dans les maladies de la peau, les paralysies, les névralgies et la gastrite chronique.

Les eaux des sources de **Saubuse** et de **Tercis**, plus intéressantes encore par leur minéralisation, surtout la dernière d'entre elles, qui est très-notablement sulfurée, gagneraient certainement beaucoup à être mieux étudiées dans leur action thérapeutique et pourraient voir le cadre de celle-ci s'élargir sensiblement.

Parmi les chlorurées moyennes de l'Allemagne, il en est une que nous ne pouvons passer sous silence, non pas que les malades se rendent en grand nombre à cette station, il n'y a même pas d'établissement, mais à cause de l'expédition considérable dont elle est l'objet ; c'est la source de SELTERS ou SELTZ, dans le duché de Nassau.

Cette eau froide (temp. 17° 5), très-riche en acide carbonique libre (1^{gr},035), est principalement minéralisée par du bicarbonate de soude (0,972), du chlorure de sodium (2,040), du bicarbonate de chaux et de magnésie en très-minime proportion (0^{gr},03) de fer et des traces de bromure alcalin et de crénates de chaux et de soude ; en tout 5^{gr},105 de principes minéralisateurs par litre.

Comme on le voit, elle n'a rien de commun avec nos eaux gazeuses artificielles dites de Seltz. Exclusivement employée en boisson, elle agit comme digestive, tonique et fortifiante. Aux chapitres des eaux ferrugineuses et acidules gazeuses, on trouvera l'indication de sources qui, par leurs propriétés apéritives et toniques, sont d'autant plus propres à suppléer à l'usage de l'eau de Selters que, depuis assez longtemps déjà, cette eau allemande n'est plus expédiée en France en quantité bien considérable.

4° EAUX CHLORURÉES-SODIQUES FAIBLES.

SOURCES FRANÇAISES.	SOURCES ALLEMANDES.
Bourbon-Lancy.	Wildbad.
Hammam-Meskoutin.	
Luxeuil.	

En passant des eaux chlorurées-sodiques fortes et moyennes au groupe des chlorurées faibles, il faut abandonner le mode d'examen que nous avons suivi jusqu'ici, mode qui consistait principalement à nous appuyer sur la prédominance d'un certain nombre d'éléments minéralisateurs. Avant des propriétés médicamenteuses déterminées, et, par suite, avant une spécialisation thérapeutique accusée, il nous faudra faire passer les conditions de thermalité et de moyens balnéothérapiques que l'on rencontre près des sources de cette classe. De même nous y verrons le traitement externe prendre la majeure importance, et le traitement interne se réduire à peu de chose, ou même ne pas exister auprès de quelques-unes d'entre elles.

Il n'en est pas moins vrai que, si peu minéralisées que soient ces eaux, elles retiennent toujours quelque chose des propriétés des chlorurées, et que;

dans tous les cas où quelque circonstance constitutionnelle ou accidentelle s'oppose à une médication
chlorurée active, on rencontre dans cette classe
d'eaux faibles de précieux moyens de suppléer à
une action plus énergique ou de préparer l'emploi
de celle-ci.

Voici, du reste, en quels termes MM. Durand-
Fardel et Le Bret apprécient, dans leur *Dictionnaire
général* (1), les services que l'on est en droit d'attendre de ces eaux faibles; ce qu'ils disent, d'une
façon générale, de toutes les eaux faiblement minéralisées, dont ils ont été tentés un moment de faire
une classe à part, s'applique parfaitement au groupe
des eaux chlorurées faibles, en particulier.

« Le défaut de spécialisation exclusive, écrivent-
ils, fait précisément que ces eaux sont applicables à un
grand nombre de cas très-divers. Elles constituent
une sorte d'hydrothérapie, chaude ou tempérée, peu
effective peut-être; mais salutaire à un grand
nombre d'altérations de la santé. Elles empruntent
même à leur propre constitution ou à leurs modes
d'application des qualités absolument ou relativement sédatives, d'autant plus précieuses qu'elles
conservent généralement quelques-unes des pro-

____

(1) *Dict. Gén.*, art. *Eaux faibles*, t. I, p. 658.

priétés reconstituantes des eaux plus minéralisées, et ne deviennent débilitantes que si l'on en pousse à l'excès les modes d'administration. C'est auprès des eaux minérales de ce genre que l'on trouve à traiter les affections douloureuses, à modifier les constitutions névropathiques. Ce sont elles qui permettent d'appliquer la médication thermale à des individus à qui cette circonstance de la santé ou de la constitution ne laisserait pas tolérer une médication plus active. »

Parmi les chlorurées faibles de l'Allemagne, nous choisirons comme exemple la station de Wildbad, en Wurtemberg, sur laquelle on a déjà tant dit et tant écrit, bien que la réputation de cet établissement ne remonte qu'à une date relativement récente.

WILDBAD, dans la forêt Noire, possède des sources thermales très-nombreuses, mais au dénombrement desquelles il n'y a pas lieu de s'arrêter, puisqu'elles ont une composition à peu près identique. Seule la thermalité varie entre 33 et 38° cent., suivant des conditions physiques dont il est facile de s'expliquer l'influence.

La principale source (*Catherine*), que l'on peut prendre comme type, contient du chlorure de sodium, $0^{gr},201$; du carbonate de soude, $0,078$; — de magnésie, 0,008 ; du sulfate de soude, 0,078 ; du carbonate de fer et de manganèse, 0,0002. Avec l'acide carbonique libre (0^{gr},092 par litre), M. Fehling, auteur de l'analyse, y a encore constaté la présence d'ammoniaque, de matière organique, de lithine, de phosphore, d'arsenic, de baryte, etc., mais de tous ces corps en proportions vraiment homœopathiques et impondérables.

Avec une eau d'une constitution aussi indéterminée, il est naturel que le bain joue le principal rôle à Wildbad, surtout quand on tient compte de la température native de l'eau (33 à 38°). Ces bains se prennent le plus ordinairement en piscines d'eau courante, dont un sable fin recouvre le fond, tandis qu'un pétillement de bulles gazeuses inonde la peau du baigneur et glisse dessus.

En Allemagne, on prête à ces eaux chimiquement, et sans doute thérapeutiquement, indifférentes des propriétés en quelque sorte mystérieuses ; c'est bien le cas, du reste. De même, on vante fort de prétendues sensations pleines de charme et de volupté qu'éprouverait le baigneur. Il faut croire que nos médecins français ont la papille nerveuse moins sensible, puisqu'ils n'ont pu ressentir même un avant-goût de ces voluptés, et que M. Rotureau, qui a voulu en tâter par lui-même, exprime sa déception en disant que l'action physiologique du bain de Wildbad est nulle.

Une thermalité variée et d'excellents aménagements, voilà en réalité ce qui fait la valeur de Wildbad; le reste n'est qu'amplifications. C'est bien là l'avis des auteurs du *Dictionnaire*, quand ils écrivent, au sujet des applications médicales :

« Dans les caractères négatifs de ces eaux réside tout leur mérite, et les constitutions névropathiques, l'élément de la douleur en un mot, s'adresseront de préférence à cette spécialisation. Nous ne sachions pas, ajoutent-ils, qu'il faille recourir à d'ambitieuses explications quand il s'agit des troubles de l'innervation, essentiels ou non, de rhumatalgies, de rhumatismes même, soit articulaires, soit musculaires, qu'un mode d'hydrothérapie éminemment sédative doit modifier sans aucun doute... Nous ne saurions admettre au même titre, disent-ils encore, les attributions dont on a surchargé le cadre déjà assez rempli de Wildbad. Tumeurs blanches, affections traumatiques, maladies de la peau et des muqueuses, jusqu'aux catarrhes de la vessie et à la gravelle, il est peu d'états morbides, généraux ou localisés, à propos desquels l'efficacité de ces eaux n'ait été amplifiée singulièrement. »

Nous possédons en France un groupe assez nombreux de chlorurées-sodiques faibles — celles de *Bains* (Vosges), par exemple, — dont la minéralisation n'est guère mieux caractérisée que celle des eaux de Wildbad ; mais, à côté de celles-ci, nous avons encore tout un groupe d'eaux plus franchement chlorurées et dont les applications thérapeutiques se trouvent, par suite, plus nettement indiquées.

En tête de ces chlorurées-sodiques faibles, mais non pas encore indifférentes, on peut placer *Bourbon-Lancy*, dans Saône-et-Loire, puis, en suivant l'ordre de la minéralisation décroissante et en prenant un type dans diverses régions, la source algérienne d'*Hammam-Meskoutin* (Constantine), *Luxéuil*, dans la Haute-Loire ; enfin *Bains*, dans les Vosges.

Bourbon-Lancy (Saône-et-Loire) est une vieille station française dont l'histoire est tout à fait collatérale de sa voisine et homonyme Bourbon-l'Archambault (Allier). On peut dire que ces deux stations ont eu longtemps une égale splendeur et vécu de la même vie, en faisant observer toutefois que la première s'est parfois attribué quelques glorioles qui appartenaient plus en propre à la seconde ; ce sont là détails intimes de la vie de famille. Toutes les deux durent leur première installation aux Romains ; toutes deux furent stations royales ; mais Bourbon-Lancy cite plus volontiers à son livre d'or Catherine de Médicis et Henri III, Bourbon-l'Archambault Louis XIV et madame de Montespan, ce qui signifie toute la cour d'alors, pour finir, à la manière de notre monarchie, par le prince de Talleyrand. Aujourd'hui, signe des temps! on y voit réunis des baigneurs de toutes classes.

Bourbon-Lancy possède sept sources chlorurées-sodiques faibles dont la température varie entre 28° (*la Rose*) et 56° (*le Limbe*), et la minéralisation entre 1^{gr},64 (*la Rose*) et 2^{gr},27 (*Descure*). La minéralisation de toutes ces sources est identique comme qualité; il n'y a de différence que dans les quantités. Voici les principaux indices de la source Descure : Chlorure de sodium, 1,30; de calcium et de magnésium, 0,45; sulfate de soude, 0,25; carbonate de chaux et de magnésie, 0,21; oxyde de fer, 0,02; plus des traces d'iodure de sodium et d'arsenic, et de l'acide carbonique libre qui se dégage en grosses bulles, mais dont la proportion n'a pas été dosée.

Bourbon-Lancy, eau faible, devait se préoccuper d'avoir un ensemble de moyens balnéothérapiques puissants; cet ensemble y existe très-complet, car c'est surtout par la médication externe que se fait le traitement dans cette station. Il y a même une magnifique piscine de natation à eau courante, qui ne mesure pas moins de dix-sept mètres de

long sur neuf de large. Cette piscine a besoin de
quelques réparations qu'il importe de lui donner
au plus tôt.

M. le Dr Rérolle a cru pouvoir résumer, en une
formule peut-être un peu systématique, la spécialisation des eaux de Bourbon-Lancy. « Elles agissent,
a-t-il écrit, à la manière de spécifiques dans les névroses et le rhumatisme; à titre de sudorifiques dans
certaines maladies de la peau et la syphilis. Enfin,
comme toniques et stimulantes, dans la chlorose, la
scrofule et la paralysie. »

Que les eaux de Bourbon-Lancy soient spécifiques
dans les névroses et le rhumatisme actuellement
douloureux, ce n'est qu'une manière de parler. Ce
que M. Rérolle a pu et dû vouloir dire, c'est que les
eaux de Bourbon-Lancy n'étant que modérément
excitantes, elles ne s'appliquent pas mieux que
d'autres eaux chlorurées plus fortes ou sulfureuses
au traitement du rhumatisme simple chez des individus lymphatiques ou scrofuleux, mais seulement
qu'elles conviennent davantage dans les formes nerveuses du rhumatisme, ou encore dans le rhumatisme articulaire de date récente. Sous ce rapport
la station qui nous occupe se rapproche sensiblement de Néris.

La chlorose et la scrofule peuvent être attaquées à

Bourbon-Lancy par un traitement interne ; mais, de même que pour le traitement de la paralysie, c'est surtout sur l'influence de la médication hydrothérapique que l'on compte. Ces eaux, d'ailleurs, faiblement minéralisées, se prêtent par cela même aux médications les plus variées, et les modes d'administration y doivent avant tout exercer la sagacité des médecins pour instituer le traitement.

Hammam-Meskoutin (Algérie) possède des sources qui, après les geysers d'Islande, sont peut-être les plus chaudes d'Europe (75° cent.); elles sont si nombreuses et si abondantes, qu'un seul groupe, celui de la *Cascade*, suffit à fournir plus de 1,440,000 litres d'eau minérale par jour. Une telle richesse ne pouvait ne pas être utilisée des Romains (*Aquæ Tibilitinæ*). De tout temps, et encore de nos jours, ces eaux ont été désignées par les noms les plus singuliers : *Bains maudits, Bains des Damnés, Bains enchantés*, etc. Ces noms divers se rapportent certainement à la température élevée de l'eau, aux gaz que cette dernière laisse dégager en grande abondance, aux énormes concrétions de formes bizarres que les sources abandonnent sur leurs bords, et enfin aux cures qu'elles ont déterminées.

En réalité, un nombre très-considérable de sources ou bassins, distincts les uns des autres, mais ayant tous une origine commune, viennent sourdre sur une même surface d'un peu plus de mille mètres. Ces sources ont été rangées parmi les chlorurées-sodiques faibles, bien que, ainsi qu'on va le voir par l'analyse, il y ait presque autant de raisons pour les placer parmi les sulfatées. A un kilomètre des autres, jaillit une source ferrugineuse sulfatée. On sait que c'est à Hammam-Meskoutin que M. Tripier signala pour la première fois la présence de l'arsenic dans les eaux minérales.

D'après le même chimiste, la source de la Cascade présente un total de $1^{gr},520$ d'éléments minéralisateurs par litre, se répartissant ainsi : chlorure de sodium, 0,415, — de magnésium, de potassium et de calcium, 0,107; sulfate de chaux, 0,380, — de soude, 0,17; carbonates de chaux et de magnésie, 0,29; enfin, de la silice, de la matière organique, des traces d'oxyde de fer et de fluorure, et de l'arsenic dosé à 0,0005. La source ferrugineuse donne 0,05 d'oxyde de fer par litre et des traces d'iode très-manifestes.

Hammam-Meskoutin possède un établissement militaire en même temps qu'un établissement civil. Dans ces deux établissements, on administre l'eau en douches de différentes sortes, bains de vapeur, piscines, enfin en boisson. On y a mis à profit, pour l'installation, les créations romaines et arabes, les ressources des arts mécaniques modernes à côté des piscines creusées dans le rocher.

La température très-élevée de ces eaux, auprès desquelles on paraît mettre plus spécialement en jeu l'action purement thermale, n'est pourtant pas sans faire naître quelques embarras. Quant aux applications thérapeutiques, elles ont trait surtout aux paralysies, hémiplégies et paraplégies, aux affections cutanées chroniques, principalement à forme eczémateuse, squameuse et acnéique. Les névralgies sciatiques, les plaies d'armes à feu, les rhumatismes, les ulcères atoniques, la syphilis constitutionnelle et les cachexies palustres y sont aussi soignés avec des résultats satisfaisants.

Les eaux de **Luxeuil** (Haute-Saône), comme celles qui précèdent, appartiennent à la catégorie des sources faiblement minéralisées et fortement thermales. Il est à remarquer que, sous ce dernier rapport, la variété y est extrême, puisque, dans ce groupe d'une vingtaine de sources, la température varie depuis 19° jusqu'à 56° centigr.; aussi y emploie-t-on le bain tempéré (de 25° à 32°), et les bains chauds et très-chauds (au-dessus de 38°). Une autre remarque, qui devient encore plus importante, parce qu'elle est en rapport avec la faible minéralisation des eaux, c'est que l'ensemble des sources forme deux classes, l'une chlorurée-sodique, et l'autre ferrugineuse-mangané-sienne (1). On saisit de suite quelle valeur cette double ressource présente pour la pratique, et comment ces deux groupes peuvent concourir au même but. La médication instituée à Luxeuil présente une assez grande analogie avec celles de Plombières, de Néris et de Bains. Cette analogie nous dispensera d'insister longuement en ce moment sur cette action, puisque nous aurons l'occasion de l'exposer avec détails dans un des articles qui suivront.

La source du *Grand-Bain* donne un total de minéralisation de $1^{gr}113$: chlorure de sodium, 0,747 ; de potassium, 0,023 ; sulfate de soude, 0,146 ; carbonate de soude, 0,035 ; de chaux, 0,085 ; alumine, fer et manganèse 0,003. Les sources ferrugineuses sont ainsi composées : chlorure de sodium, 0,257 ; sulfate de soude, 0,07 ; oxyde de manganèse, 0,022 ; oxyde de fer, phosphate de fer et arséniate de fer, 0,027.

L'établissement thermal dans lequel on administre ces eaux, possession de l'État depuis 1854, est très-bien aménagé ; il comprend neuf salles de bains ou de piscines, et est richement pourvu d'appareils balnéothérapiques, qui jouent un très-grand rôle

(1) Voyez à la classe des eaux ferrugineuses.

dans le traitement. Luxeuil, comme Plombières et Néris, convient spécialement aux sujets névropathiques, surtout à ceux qui sont en puissance de chlorose ou d'anémie. Rhumatismes musculaires ou névralgiques, sciatique, névroses générales et névralgies diverses par anémie, paraplégies rhumatismales, écoulements chroniques divers dépendant de l'aglobulie du sang, tel est le champ des affections sur lesquelles la médication de Luxeuil trouve le plus souvent à s'exercer.

5° EAUX CHLORURÉES SODIQUES BICARBONATÉES.

SOURCES FRANÇAISES.	SOURCES ALLEMANDES.
Saint-Nectaire.	Schlangenbad.
La Bourboule.	Schwalheim.
Vic-le-Comte ou St-Maurice.	

Dans la grande classe des chlorurées-sodiques, il convient, ainsi que nous l'avons indiqué déjà, de former un groupe à part des eaux dans la composition desquelles le bicarbonate de soude vient occuper une place prédominante, à peu près au même titre que le chlorure de sodium. Ces eaux forment, en effet, un groupe très-intéressant ; leur action thérapeutique se trouve participer à la fois de celle qui est propre aux chlorures et de celle qui appartient aux bicarbonates ; par ces motifs, leurs propriétés et leurs applications se trouvent très-sensiblement étendues.

Dans les diverses sources de cet ordre, que nous allons passer en revue, nous verrons presque toujours la prédominance quantitative rester au chlorure de sodium, d'où il suit que l'on peut dire, d'une façon générale, que les grandes indications thérapeutiques des eaux de ce groupe sont encore celles qui appartiennent plus spécialement aux chlorurées : le lymphatisme, la scrofule, le rachitisme, les rhumatismes, la chlorose, etc. Mais, à un autre point de vue, il faut reconnaître qu'elles conviennent mieux aux dérangements de l'appareil digestif, et qu'elles répondent mieux à quelques autres indications spéciales que celles où le chlorure de sodium domine exclusivement. De même, elles se prêtent peut-être davantage à l'usage interne, et quelques eaux faibles parmi elles, comme celle de la source allemande de Schwalheim, sont presque exclusivement employées sous cette forme.

Les divers types de ce groupe qui vont nous occuper ici sont : pour la France, *Saint-Nectaire*, *la Bourboule* et *Vic-le-Comte*, dans le Puy-de-Dôme, et les stations de *Schlangenbad* (Nassau) et de *Schwalheim* (Hesse-électorale), pour l'Allemagne.

La station de **Saint-Nectaire** (Puy-de-Dôme) possède des sources nombreuses, dont la thermalité varie entre 13° et 44° cent.; elles alimentent trois établissements différents. Malgré leur multiplicité, ces sources ont une composition chimique sensiblement identique, la proportion du chlorure de sodium l'emportant dans toutes de quelques centigrammes sur celle du bicarbonate de soude. Comme indices de minéralisation, il nous suffira de rappeler ceux qui caractérisent les sources de l'établissement du Mont-Cornadore, situé dans la partie de cette station qu'on appelle Saint-Nectaire le Haut.

Voici les traits les plus importants de cette minéralisation, d'après les analyses de M. Jules Lefort (1860) : chlorure de sodium, 2^{gr}, 146 ; bicarbonate de soude, 2,000 ; sulfate de soude, 0,130 ; bicarbonate de protoxyde de fer, 0,012 ; plus des traces très-sensibles d'iodure de sodium, d'arséniate de soude ; enfin une richesse en acide carbonique assez remarquable (0^{gr}, 946 par litre), et qui contribue à faciliter beaucoup l'usage interne de cette eau minérale. En tout, 6^{gr}, 515 de principes minéralisateurs par litre. Quelques autres sources, avec une composition à peu près identique, car elles paraissent avoir toutes une origine commune, atteignent pourtant jusqu'à 7^{gr}, 5. Enfin, signalons encore la source *Rouge*, — ainsi nommée par suite du dépôt de carbonate de fer qu'elle abandonne, — qui est plus particulièrement employée en boisson, et la source *Pauline*, à Saint-Nectaire le Bas, principalement usitée en injections dans les affections utérines.

L'installation des trois établissements de Saint-Nectaire, longtemps médiocre, a reçu de grandes améliorations dans ces dernières années, et le médecin inspecteur actuel, M. Dumas-Aubergier, a tenu à enrichir cette station de toutes les pratiques nouvelles que la science contemporaine a su appliquer à l'hydrologie médicale.

Le traitement, comme partout, y revêt les deux formes : usage interne et applications externes. Les eaux de Saint-Nectaire, par suite de l'association du bicarbonate de soude au chlorure de sodium et de la présence de l'acide carbonique, se prêtent mieux à l'usage interne que beaucoup d'autres eaux simplement chlorurées ; elles peuvent répondre aussi à quelques indications plus spéciales. Elles sont, en général, très-facilement digérées, augmentent l'appétit et déterminent de la soif. Aussi sont-elles très-employées dans les affections atoniques de l'appareil gastro-intestinal. Dans les gastralgies caractérisées par des crises périodiques, elles réussissent à peu près aussi bien que les eaux de Vichy.

En bains, la multiplicité des sources permet d'employer les eaux à des températures très-variées et natives. Ces bains sont fortifiants et deviennent excitants à haute température. Pourtant M. Vernière fait remarquer à ce propos que ces eaux n'ont pas d'effet expansif. « Elles se rapprochent, dit-il, sous ce rapport, plutôt des bicarbonatées que des chlorurées, ce qui ne saurait manquer de fixer l'attention, la composition de ces eaux semblant se rattacher à peu près également à l'une et à l'autre de ces classes.»

Outre le bain, la piscine et la douche, le médecin actuel de Saint-Nectaire fait un assez grand usage de l'élément gazeux, sous forme de bains et de douches carbo-gazeuses. De même, durant ces dernières années, il s'est occupé, avec un soin particulier, des applications qu'il pouvait obtenir par la pulvérisation pour le traitement des diverses affections des membranes de l'œil, de la gorge et des oreilles.

Le fond de la pratique de Saint-Nectaire se trouve toujours résider dans les maladies de l'enfance et de la jeunesse : le lymphatisme, la scrofule et la chloro-anémie. Le rhumatisme y est aussi une des affections les plus communément traitées, de même que les paralysies et des névralgies diverses, surtout la sciatique ; on emploie alors les bains à une température modérée. Nous avons signalé déjà la dyspepsie atonique et la gastralgie. Pour compléter cette énumération, il nous reste à répéter que M. Dumas a tenté, non sans succès, les applications de la pulvérisation aux maladies des yeux ; enfin, mettant à profit d'heureuses conditions, il a abordé la thérapeutique des affections utérines avec le double secours des douches locales aqueuses et carbo-gazeuses.

La Bourboule (Puy-de-Dôme) appartient à ce même groupe des chlorurées-sodiques bicarbonatées, bien que, dans ces derniers temps, eu égard à la proportion considérable d'arsenic que renferment les eaux (0,02 d'arséniate de soude. Thénard), elles aient été plus souvent qualifiées d'arsenicales.

On y compte six sources principales d'une température de 42 à 52°. L'une d'elles porte le nom de *source des Fièvres*, comme pour témoigner que la pratique avait entrevu dès longtemps l'action antipériodique de l'arsenic que l'expérimentation clinique ne devait mettre en lumière que bien plus tard.

La source du *Grand-Bain* contient par litre : bicarbonate de soude, 1^{gr},948; chlorure de sodium, 3,966; des traces de sulfure de sodium, arséniate de soude, 0,02; acide carbonique, 0,909; des traces de bicarbonate de fer; en tout, 6^{gr},669 de principes minéralisateurs.

La constitution des eaux de la Bourboule est donc fort remarquable et, comme le disent MM. Durand-Fardel et Le Bret : « Leur prédominance en chlorure de sodium, jointe à la proportion de bicarbonate de soude qu'elles renferment, le chiffre de l'arsenic, leur température élevée, semblent leur assigner un rang très-notable parmi les eaux thérapeutiques. »

L'action thérapeutique de la médication par les

eaux de la Bourboule est très-étendue. Si en tête des affections que l'on y traite, on retrouve encore la scrofule, surtout dans ses formes graves et la scrofule torpide, les fièvres intermittentes et le rhumatisme, principalement chez les individus lymphatiques et scrofuleux, on voit aussi venir à cette station un grand nombre de malades porteurs de ces affections chroniques, soit de l'appareil digestif, soit des muqueuses ou de la peau que la pratique contemporaine tient pour plus spécialement justiciables de la médication arsenicale.

D'ailleurs la Bourboule est, parmi nos stations françaises, une de celles devant lesquelles s'ouvre l'avenir le plus brillant. L'immense notoriété dont jouissent ses eaux, tant auprès des médecins que des malades, va sans cesse en augmentant. Enfin, bien que située au milieu des montagnes à une élévation qui n'est inférieure à celle du Mont-Dore que de 200 mètres, cette station, orientée au midi, et défendue contre le vent du nord, se trouve dans une situation topographique si heureuse qu'elle est longuement habitable pour les malades (de juin à septembre).

La troisième station française qu'il nous reste à examiner, **Saint-Maurice**, encore nommée **Vic-le-comte** (Puy-de-Dôme), et qui appartient à notre grand groupe thermal de l'Auvergne, présente une prédominance plus tranchée que les précédentes des bicarbonates alcalins (bicarbonate de soude, $2^{gr},269$; — de magnésie, $0^{gr},333$; — de chaux, $0^{gr},919$; — de fer, $0^{gr},049$); sur les chlorures (chlorure de sodium, $2^{gr},03$).

Ces eaux n'ont ni la variété de principes minéralisateurs, ni l'importance thérapeutique que nous signalions au sujet de la Bourboule; malgré cela, la comparaison que l'on pourrait établir entre elles et les eaux de la source allemande de *Schlangenbad*, une des plus connues d'outre-Rhin, serait tout entière à l'avantage de la source française.

Schlangenbad, dans le duché de Nassau, possède des sources très-abondantes chlorurées, bicarbonatées-*calciques* donnant des eaux si peu minéralisées qu'on pourrait les dire indifférentes; Vetter même n'avait pas hésité à les ranger parmi les *acratothermes*. Pourtant, voilà une station qui, moyennant un bon aménagement et quelques prévenances heureuses à l'adresse des malades, a su conquérir une réputation qu'il ne faudrait même pas comparer à celle de la source française. Cette dernière, pour des eaux actives, n'a qu'une installation insuffisante : deux piscines, quelques baignoires. Schlangenbad, au contraire, pour des eaux si peu actives que l'on peut dire que c'est leur passivité même que l'on met à profit, puisque leur destination à peu près unique est le bain prolongé à titre de sédatif, a une installation très-bonne et deux établissements.

Voici du reste les indices des principaux éléments minéralisateurs d'une des huit ou dix sources de Schlangenbad; ces sources ont une thermalité qui varie de 28 à 34°, elles sont à peu près également minéralisées : carbonate de chaux, $0^{gr},031$, — de soude, $0^{gr},009$; chlorure de sodium, $0^{gr},226$. En tout, 316 milligrammes de principes fixes pour un litre d'eau, et 26 centimètres cubes d'acide carbonique libre.

A Saint-Maurice, établissement anciennement connu, mais qu'un manque d'initiative ou quelque autre raison que nous ignorons, laisse de plus en plus gagner par l'oubli, le traitement se fait à la fois par l'usage interne et par les applications externes des eaux. La thérapeutique que l'on y peut faire est vraiment militante et on pourrait même l'étendre plus loin qu'aux fièvres intermittentes rebelles, aux affections de l'estomac, à la chlorose, aux scrofules et au rachitisme qui y forment aujourd'hui le fond de la pratique.

A Schlangenbad, au contraire, l'eau est si nulle chimiquement que l'usage interne n'y a plus sa raison d'être et qu'on n'y boit pas ou, du moins, bien peu. C'est le traitement externe, calmant et déprimant du système nerveux, qui prédomine à titre de médication sédative. Cette sédation est l'indication prépondérante, pour ne pas dire unique, du traitement de Schlangenbad; c'est ce qui a fait dire à M. Seegen que ces eaux étaient surtout le bain des femmes.

D'après ce que nous venons de dire, il est aisé d'entrevoir quelles peuvent être les applications thérapeutiques. Si celles-ci sont nombreuses, c'est précisément parce qu'elles sont peu accusées. Les névroses, les états névropathiques, l'éréthisme nerveux, l'hyperesthésie, voilà à peu près les accidents à combattre, lorsqu'on ne veut rechercher en même temps nul effet sur une diathèse. Mais en reconnaissant que des effets de cet ordre ont leur utilité, n'est-on pas en droit de dire qu'une telle action est en quelque sorte de cause négative.

Schlangenbad fait mieux : « Ces mêmes bains passent pour entretenir la fraîcheur de la peau et pour enrayer les infirmités de l'âge. » On a sur ce point le témoignage d'Hufeland. Devant une semblable autorité et en un tel sujet, on ne peut que s'incliner; c'est ce que nous faisons. Après cela, comment s'étonner de la fortune de ces sources !

Une autre source allemande de cette classe, que nous avons encore nommée, Schwalheim, dans la Hesse-Électorale, se trouve avoir une destination tout opposée. Froide à son émergence du basalte (10°), d'une limpidité parfaite, elle n'est guère usitée qu'en boisson. On n'a pas oublié qu'un hydropathe français de grand talent, M. Louis Fleury, est allé fixer près de cette source, pendant de longues années, sa clinique hydrothérapique. Ce passage a sûrement fait beaucoup pour populariser ces eaux parmi nous.

Sous le rapport de la minéralisation, l'eau de Schwalheim n'est pas, du reste, sans intérêt, non pas comme eau de table, titre qu'on lui donne d'ordinaire, mais comme eau médicinale. Comme eau de table, en effet, nous avons chez nous des richesses qui peuvent nous suffire et qui ne laissent même pas place à la comparaison : *Saint-Galmier*, *Condillac*, *Saint-Alban*, *Chateldon ;* et, poúr les eaux un peu plus martiales : la Bauche ; Spa, chez nos voisins du Nord ; Orezza, en Corse, etc. C'est comme eau thérapeutique qu'il faudrait considérer Schwalheim, l'analyse le veut ainsi, si un malade français pouvait encore traverser le Rhin.

Schwalheim a près de 5 grammes de principes minéralisateurs par litre : acide carbonique libre,

2^{gr},410 ; chlorure de sodium, 1^{gr},402 ; bicarbonates alcalins, 0^{gr},793 ; plus des traces de bromure, d'iodure et de lithine. La principale destination thérapeutique de ces eaux est dans certaines formes de la dyspepsie avec atonie de l'estomac. Plusieurs de nos eaux ferrugineuses et gazeuses agiraient, dans ces cas, avec non moins de succès. Dans beaucoup d'autres cas, il y aurait même avantage à se rendre auprès d'une de nos stations qui possèdent à la fois des eaux chlorurées et gazeuzes, comme *Bourbon-l'Archambault* et son annexe de *Saint-Pardoux*, ou *Saint-Nectaire*.

Pour terminer ce qui a trait aux chlorurées, il nous reste à examiner un dernier groupe, celui des chlorurées-sodiques sulfureuses.

6° EAUX CHLORURÉES-SODIQUES SULFUREUSES.

SOURCES FRANÇAISES.	SOURCES ALLEMANDES.
Uriage.	Aix-la-Chapelle.
Saint-Gervais.	Weilbach.
	Borcette.

Un dernier groupe reste à examiner, pour achever le parallèle entre les eaux chlorurées-sodiques françaises et allemandes, celui des eaux à la fois chlorurées-sodiques et sulfureuses. Les eaux de cette classe, dont l'action thérapeutique participe à la fois des propriétés appartenant à chacun des deux principes minéralisateurs prédominants, chlorure de sodium et soufre, se trouvent avoir une spécialisation assez nettement établie, et, par cela même, présentent un grand intérêt pour le thérapeutiste. En outre, les eaux de cette catégorie sont représentées, en France comme en Allemagne, par des stations également importantes et appréciées des malades; nous pouvons citer Uriage et Saint-Gervais pour notre territoire, Aix-la-Chapelle (Prusse), Borcette (Prusse) et Weilbach (Nassau) pour l'Allemagne.

Après ce que nous avons si longuement fait ressortir des propriétés des chlorures, des iodures et des bromures, si l'on tient pour exacte cette opinion établie en hydrologie : que les applications *spéciales* des eaux sulfurées, exigeant impérieusement la présence du soufre, sont la diathèse herpétique et les catarrhes de l'appareil respiratoire ; que les applications *communes* de ces mêmes eaux, qui s'accommodent seulement de la présence du soufre, sont le lymphatisme, le rhumatisme, la chlorose, la syphilis et la scrofule ; et enfin que les applications *secondaires* de ces sulfurées, qui réussissent sans que le soufre y joue un rôle spécial, sont la métrite chronique, le catarrhe des voies urinaires et les maladies chirurgicales, on peut presque se rendre compte d'emblée des importantes applications thérapeutiques qui ressortissent plus spécialement à l'action d'eaux à la fois chlorurées-sodiques et sulfurées, du genre de celles qui vont nous occuper.

Sous le point de vue chimique, il faut remarquer que ces eaux, à part celles d'Aix-la-Chapelle, dans lesquelles Liebig aurait trouvé du sulfure de sodium, sont, en général, des sulfurées accidentelles, devenues sulfurées par la décomposition du sulfate de chaux (1).

(1) Voyez, au sujet de ce dernier point, les généralités sur le mode de formation et sur l'action des eaux sulfureuses, généralités qui se trouvent exposées au commencement du chapitre consacré à ces eaux.

Aix-la-Chapelle possède six sources chlorurées-sodiques sulfureuses, fortement thermales de 50 à 55°, et présentant, dans leur minéralisation, une assez grande analogie. Nous venons de dire que Liebig a reconnu, bien qu'en très-minimes proportions, le monosulfure de sodium dans les eaux d'Aix-la-Chapelle, opinion combattue par Fontan qui n'y veut voir que des sulfureuses accidentelles. Mais un fait irrécusable, c'est que ces eaux perdent très-rapidement leurs principes sulfureux, au point que Fontan n'a pas cru s'aventurer en avançant que l'eau minérale parvenue dans les baignoires n'en contenait plus aucune trace. Liebig et M. Filhol considèrent l'opinion de Fontan comme un peu exagérée, tout en reconnaissant l'extrême fugacité du principe sulfureux.

La plus minéralisée des six sources est celle de l'*Empereur*, température 55°. Voici les plus importants indices de minéralisation : chlorure de sodium 2^{gr}, 639 ; bromure de sodium 0^{gr},003 ; iodure de sodium 0^{gr},0005 ; sulfure de sodium 0^{gr},009, enfin des traces de lithine, de strontiane, de manganèse et un peu de carbonate de fer.

Le traitement interne est peu de chose à Aix-la-Chapelle ; la véritable médication se fait par l'usage externe établi avec soin ; la douche et le massage y jouent un grand rôle. D'après le précepte général d'hydrologie médicale que nous rappelions plus haut, c'est principalement dans les indications communes et secondaires des sulfureuses et dans celles des eaux franchement chlorurées qu'il faut chercher les principales indications des eaux d'Aix, en ayant soin toutefois de tenir compte de leur haute thermalité.

En effet, la pratique a montré que ce sont surtout les maladies scrofuleuses et les dermatoses, principalement les dartres humides, qui sont efficacement traitées à Aix-la-Chapelle. On y a institué avec un réel succès le traitement du rhumatisme chronique; c'est là affaire de thermalité et d'excellente installation balnéothérapique; si l'on tient compte de la minéralisation de l'eau, c'est surtout le rhumatisme chronique, névropathique, musculaire, articulaire, avec contracture ou paralysie, peu importe, mais porté par des sujets lymphatiques ou scrofuleux, qu'il faudra avoir en vue.

Pouvons-nous répondre à ces mêmes indications au moyen de nos eaux françaises du même groupe? Oui, certes. Voyons d'abord Uriage, puis Saint-Gervais; ces deux stations sont l'une et l'autre plus fortement minéralisées que la source allemande.

Uriage (Isère) est fortement chlorurée 7^{gr},236; l'eau donne en acide sulfhydrique libre 0,0159 par litre, iodure de calcium 0^{gr},00038; sulfatée, en sulfates de chaux, de soude et de magnésie, elle abandonne à l'analyse près de 7 grammes; en tout 14^{gr},127 de principes minéralisateurs par litre, parmi lesquels figure l'arsenic. Sous le rapport de la composition chimique, si Aix-la-Chapelle est comparable à Uriage comme ordre, la source allemande reste très en dessous comme activité. Un seul avantage lui appartient, celui de thermalité, car la température à Uriage n'est que de 26 à 27° centigrades. Enfin, comme les stations allemandes, l'établissement dauphinois a des sources ferrugineuses, une, entre autres, ferrugineuse-crénatée, très-rapprochées de l'établissement, et dont on fait grand usage en boisson.

Uriage possède une installation balnéothérapique excellente. Le traitement y est complexe, à la fois interne et externe, et, dans ce dernier, la douche et le massage ne jouent un rôle ni moins grand ni moins bien ordonné qu'à Aix-la-Chapelle. Ce n'est pas tout; Uriage, mettant à profit sa richesse sulfurée, a voulu atteindre aux applications spéciales des eaux sulfureuses. Cette station y est parvenue par les salles d'inhalation et de respiration. Enfin, l'eau minérale ayant une température nativement trop peu élevée, est chauffée par un procédé ingénieux qui reste sans effet sur la composition.

7.

Voyons maintenant très-brièvement les applications thérapeutiques. D'une façon générale, on peut dire que les bains donnés avec une eau aussi fortement chlorurée-sodique et sulfureuse agissent, dans les dermatoses, comme substitutifs et astringents, tandis que, par absorption ou par ingestion, l'eau peut procurer les effets de la méthode soit altérante, soit dérivative.

En tête des maladies justiciables des eaux d'Uriage, il faut placer toutes les affections ayant pour base le lymphatisme ou la maladie strumeuse, quelles que soient les localisations de cette dernière : peau, muqueuses, ganglions, os ou articulations.

Mais Uriage, de tout temps et plus particulièrement dans ces dernières années, par l'intelligente initiative de M. le docteur Doyon, a vu venir à ses eaux un grand nombre de malades entachés de vice herpétique. M. Gerdy, qui, auparavant, avait déjà longuement insisté sur l'application de ces eaux aux maladies de la peau, avait montré que leur principale indication était lorsque le vice herpétique se confond avec la diathèse strumeuse.

Le rhumatisme chronique subit à Uriage un traitement non moins efficace qu'à Aix-la-Chapelle. Mais une indication qu'on atteint encore à la station dauphinoise est celle du catarrhe des voies respiratoires et celui des organes génito-urinaires.

Enfin, si, par ses effets, une station mérita jamais le nom de source des enfants et des adolescents faibles, c'est bien Uriage. La médication qu'on y suit, à la fois stimulante et réparatrice, peut non-seulement venir à bout de la chloro-anémie, de la faiblesse, de la langueur congénitales ou acquises, mais encore impressionner très-heureusement certaines influences diathésiques qui se manifestent dès l'enfance ou l'adolescence.

Il n'est guère possible d'établir un parallèle exact entre les deux sources allemandes chlorurées-sodiques sulfureuses — Borcette (Prusse) et Weilbach (Nassau) — dont il nous reste à parler, et la station d'Uriage, ou celle de Saint-Gervais. Ce que nous voulons dire, malgré les dissemblances frappantes que présentent les analyses chimiques, c'est que dans nos deux grands groupes d'eaux chlorurées-sodiques et d'eaux sulfureuses, nous avons des richesses suffisantes pour n'avoir rien à emprunter à nos voisins.

Borcette, attenant à Aix-la-Chapelle, et que l'on peut considérer comme une annexe de cette station, possède neuf sources, les unes simplement chlorurées-sodiques et les autres sulfurées; mais c'est avant tout le chlorure de sodium qui y domine :

21^{gr},620 par litre. Les autres principes qui y figurent sont le sulfate de soude 2^{gr},5, le carbonate de soude près de 7 grammes ; et l'acide sulfhydrique qui y a été dosé à 1^{cc},9, et l'acide carbonique à 277,5.

Les applications médicales de Borcette sont les mêmes que celles d'Aix-la-Chapelle ; mais l'analyse et la thermalité élevée (de 44° à 78°) laissent présumer une activité thérapeutique plus grande, surtout dans le sens de la médication chlorurée-sodique.

WEILBACH, au contraire, se fait remarquer par la multiplicité des principes minéralisateurs que renferme l'eau minérale et aussi par la ténuité des doses de chacun d'eux, sauf pour celle de l'acide sulfhydrique qui est de 90^{cc} par litre. On a maintenu cette eau dans la classe des chlorurées-sodiques sulfureuses, bien que, en réalité, l'analyse n'y décèle que 0^{gr},208 de chlorure de sodium et 0,021 de chlorure de potassium. Frésenius, qui en a fait l'analyse, y signale la présence de la lithine, de la baryte, de la strontiane, de la chaux à l'état de bicarbonates, et des traces d'iode, de brôme, de fer, de manganèse, de fluorure de calcium, sans parler des acides borique, nitrique, formique et propionique unis à la soude ; au total : 1^{gr},154 de principes fixes par litre, voilà ce qu'il y a de lus clair, si on ne veut pas s'arrêter

aux difficultés vaincues d'une analyse chimique infinitésimale.

L'eau de Weïlbach est froide, 14° cent., et exige
d'être chauffée par la vapeur pour l'usage externe;
l'installation balnéothérapique est d'ailleurs bien entendue et principalement dirigée en vue du traitement sulfureux. C'est ainsi qu'il faut prendre le
pavillon d'inhalation établi au-dessus du griffon de
la source. C'est ainsi encore que les plus importantes
indications thérapeutiques s'adressent aux affections catarrhales en général, et plus particulièrement aux muqueuses bronchique et laryngée, à celles
de l'estomac et de la vessie.

Notre station savoisienne de Saint-Gervais n'est
ni aussi chlorurée que Borcette — et il s'en faut —
ni aussi sulfureuse que Weïlbach. Elle n'est l'analogue ni de l'une ni de l'autre, à aucun de ces deux
points de vue, et, s'il fallait tenter un rapprochement, ce serait peut-être déjà s'aventurer que de la
comparer à Aix-la-Chapelle.

Saint-Gervais (Savoie) a une destination thérapeutique que l'on peut presque dire toute spéciale :
elle est dérivative d'une part, au moyen de l'eau en
boisson ; sédative et topique, de l'autre, par le bain.
Sept sources, assez rapprochées entre elles et fort
voisines aussi par leur minéralisation, coulent dans

cette station. Il y faut noter encore la présence d'une source ferrugineuse à 20°.

Parmi ces sources, nous choisirons comme type celle du *Torrent*. Elle donne à l'analyse : sulfure de calcium $0^{gr},023$, bicarbonate de chaux 0,211, sulfate de chaux 0,056, carbonate de soude 0,856, sulfate de soude 0,821, chlorure de sodium, 1,794, plus de l'oxyde de fer, des traces d'iodures et de bromures alcalins, de l'hydrogène sulfuré, en tout $5^{gr},046$ par litre. Il faut noter encore la présence en assez grande abondance de la glairine qui, au contact de l'air, se dépose en plaques gélatineuses jaunâtres, formées de glairine et de soufre.

D'après le Dr Payen, la caractéristique des eaux de Saint-Gervais est d'être moins stimulantes que les eaux exclusivement sulfureuses, et moins purgatives que les eaux chlorurées-sodiques fortes. L'effet du bain est essentiellement sédatif; il communique en outre à la peau une souplesse et une onctuosité remarquables dues à l'action des matières organiques. Ces bains ne déterminent pas de sudation et encore moins de poussée. M. Billout a insisté sur ces mêmes caractères.

A l'intérieur, suivant des doses qui varient avec les individus, l'eau détermine des effets laxatifs que l'on peut régler à volonté, puisque l'eau ferrugineuse jouit de l'action contraire. Mais l'eau chlorurée-sulfureuse possède une action excitatrice manifeste de l'appareil sécréteur de l'urine, et cette action est souvent mise à profit pour l'expulsion des graviers.

Une des principales indications des eaux de Saint-Gervais est dans les dermatoses, surtout dans celles qui se compliquent d'état névropathique et de phénomènes d'éréthisme; on n'a qu'à relire les leçons de M. Bazin pour se rappeler combien ce dermatologiste distingué trouve à ces eaux d'applications nombreuses. La médication de Saint-Gervais semble agir surtout sur les phénomènes locaux de la maladie, sans qu'on ait autant à insister sur les modifications qu'y éprouvent les diathèses herpétique ou scrofuleuse.

Mais les maladies de la peau ne sont qu'une des indications, des plus importantes il est vrai, de la médication thermale de Saint-Gervais. Il faut citer encore les rhumatismes, surtout les rhumatismes viscéraux qui revêtent la forme névralgique, les troubles des fonctions digestives, la constipation, les états généraux qui se rattachent chez la femme à une maladie chronique des organes de la génération. Enfin, il ne faut pas oublier de mentionner que des indications ont été données sur l'application de ces eaux aux maladies chroniques de l'enfance.

Telles sont les applications les plus importantes des eaux de Saint-Gervais. D'après ce que nous avons dit de leur composition chimique et de leur action physiologique, on conçoit quelles doivent être leurs applications secondaires.

Mais, dans cet aperçu si sommaire et pourtant si long de la grande classe des eaux chlorurées-sodiques françaises et allemandes, nous devions nécessairement nous montrer très-concis pour chaque source. Nous avons cependant l'espérance que le lecteur français voudra bien reconnaître que nous sommes loin d'être pauvres, même dans la classe d'eaux qui forme la principale richesse de l'Allemagne. Nous voulons croire aussi que ce petit travail de révision ne sera pas entièrement perdu au point de vue des établissements de notre sol.

V

EAUX BICARBONATÉES.

Encore nommées *eaux acidules, eaux acidules alcalines,* les eaux *bicarbonatées* tirent leur principal caractère, au point de vue de leur composition chimique, de la présence du gaz acide carbonique qu'elles contiennent combiné ou libre, et même parfois en quantité extrêmement considérable.

Un autre point à noter, au sujet de ces eaux, est la facilité avec laquelle elles abandonnent ce même acide carbonique libre dès qu'elles restent exposées au contact de l'air. Elles sont donc facilement altérables. Il en résulte que quelques-unes d'entre elles, principalement celles qui sont minéralisées par des sels à base de chaux et de magnésie, laissent précipiter, par suite de ce dégagement gazeux, des masses compactes et cristallines qui ont fait donner aux sources qui présentent cette propriété le nom d'*eaux incrustantes* (Saint-Nectaire, Gimeaux, Saint-Allyre, en Auvergne). Pour les sources bicarbonatées et très-ferrugineuses, le dépôt formé est fortement teinté en rouge par l'oxyde de fer.

D'ordinaire limpides, inodores et incolores, car quelques eaux se troublent très-vite à l'air et *louchissent*, ces eaux frappent d'abord par leur saveur aigrelette, déterminée par l'acide carbonique, mais qui ne tarde pas à devenir terreuse et alcaline.

Sous le rapport du nombre des sources, la France et l'Allemagne seraient à peu près également bien partagées en eaux bicarbonatées : le relevé du *Dictionnaire général des eaux minérales* en attribue 78 à notre pays et 69 seulement à l'Allemagne, ce qui constitue, en réalité, une différence bien minime. Mais, envisagées au point de vue de la richesse de leur minéralisation et de la renommée des eaux, la différence est bien autrement tranchée et l'avantage reste tout entier à la France. Il nous suffira de rappeler que Vichy et Vals appartiennent à ce groupe de sources et qu'à ces deux établissements l'Allemagne ne peut opposer qu'Ems, dont la concurrence, on le verra bientôt, n'est en aucune façon à redouter sous le rapport de la valeur médicale.

La présence de l'acide carbonique constituant la caractéristique de détermination de cette classe, on a formé les sous-classes d'après les autres principes dominants qui se trouvent unis à cet acide. Ces principes sont avant tout la soude, la chaux et la magnésie auxquelles on peùt joindre, mais sur un plan très-secondaire, les bicarbonates de potasse, de strontiane, de fer et de manganèse. En conséquence on a admis trois divisions ou sous-classes d'eaux bicarbonatées :

1° A base de soude, *bicarbonatées-sodiques ;*

2° A bases terreuses, *bicarbonatées-calciques ;*

3° A bases sans prédominance accentuée, *bicarbonatées mixtes.*

Enfin, comme on l'a vu déjà pour les eaux chlorurées, on a tenu compte aussi de la richesse de la minéralisation pour reconnaître des eaux bicarbonatées : 1° *fortes,* au-dessus de 4 grammes ; 2° *moyennes,* entre 2 et 4 grammes ; 3° *faibles,* au-dessous d'un gramme. Sous le rapport de la minéralisation, la supériorité reste sans conteste à la France (Vals et Vichy), et l'Allemagne demeure loin en arrière, ses sources ne figurant que dans la division des eaux moyennes.

Une dernière remarque générale à noter concerne la température native des eaux bicarbonatées : un très-grand nombre d'entre elles sont froides, beaucoup sont tempérées, enfin la classe des bicarbonatées franchement thermales est la moins considérable des trois.

SOURCES FRANÇAISES.	SOURCES ALLEMANDES.
Vichy.	Ems.
Vals.	Teplitz-Schönau.
Le Boulou.	Bilin.
Velleron.	
Soultzmatt.	
Châteauneuf.	
Vic-sur-Cère.	
Chaudes-Aigues.	
Saint-Laurent.	

Essentiellement d'origine volcanique, les eaux bi-carbonatées-sodiques, avec les calciques de la même classe, forment ce que l'on peut appeler le groupe thermal du centre de la France; ce sont elles que l'on rencontre le plus souvent en Auvergne. Mais elles sont également présentes dans d'autres régions, té-moin le Boulou, que l'on peut appeler le Vichy des Pyrénées, Velleron (Vaucluse), Coese, plus avant dans les Alpes, en Savoie; dans l'Est, Soultzmatt (Haut-Rhin), devenu allemand par un traité, mais toujours français de sentiment.

En chiffres, le nombre des sources bicarbonatées-sodiques françaises exploitées se traduit par 25, le nombre des sources allemandes étant de 22; mais ces chiffres si rapprochés restent sans signification, si on ne s'attache qu'à la valeur médicale, et alors tout l'avantage est pour nous. Il nous demeure d'autant mieux, que relativement à la Prusse, parmi les 22 sources en question, plusieurs d'entre elles appartiennent à l'Autriche. Or les deux stations de Bilin et de Teplitz-Schönau, toutes deux en Bohême, et les plus minéralisées des eaux bicarbonatées-sodiques d'outre-Rhin, sont justement dans ce cas.

Outre la soude, qui y domine, il est commun, nous l'avons dit, de rencontrer encore, mais en quantité bien moindre, de la potasse, de la chaux, de la magnésie, du strontiane, du fer et de l'arsenic dans les eaux bicarbonatées-sodiques. D'une façon générale, on est presque en droit d'avancer même que toutes les eaux de cette classe renferment du fer et de l'arsenic, du moins dans une proportion quelconque. Quelques-unes sont extrêmement ferrugineuses. Il n'en est pas de même de l'iode, qui ne s'y trouve que rarement et toujours à très-faible dose.

Il serait fort difficile de définir les manifestations physiologiques déterminées par les eaux bicarbonatées-sodiques, tant elles sont peu caractérisées ; on pourrait presque les dire nulles. Lorsque le traitement est bien conduit, on ne trouve, en effet, aucun phénomène appréciable à noter. Tout au plus si-

gnale-t-on parfois, par suite de dispositions tout indivi-
duelles, quelques modifications physiologiques de
l'intestin et de l'appareil urinaire.

Tout se borne à une augmentation sensible de l'appétit, la digestion devient plus active, l'urine peut-
être un peu plus abondante, ce qu'expliquerait assez
l'usage de la boisson, enfin la peau fonctionne mieux
sous l'influence de bains répétés. Sous la même influence, on voit parfois apparaître des éruptions
érythémateuses ou papuleuses qui restent habituellement discrètes. Les anciens médecins de Vichy pré-
tendaient que les eaux alcalines modifiaient et fai-
saient perdre de leur acidité aux sécrétions acides de
l'économie. M. Durand-Fardel, sans nier qu'il y ait
quelque chose de fondé dans cette assertion, a établi
par une série de recherches ce qu'elle avait d'exagéré.

En face de manifestations physiologiques aussi
difficilement saisissables, il devenait mal aisé, pour
ne pas dire impossible, d'établir de quelle façon
agissent ces eaux. L'opinion la plus généralement
acceptée est qu'elles ont « une action intime essentiellement moléculaire » (Durand-Fardel), action intime qui aboutit à la reconstitution et à la
résolution.

C'est surtout auprès des eaux alcalines, au sujet

de la goutte, de la gravelle urique, des calculs hépatiques, que les hypothèses chimiques et la chimiâ-
trie ont eu beau jeu. Si ingénieuses qu'aient été
ces hypothèses, elles n'ont pu entraîner la conviction de médecins instruits. Outre la stimulation propre aux eaux, ces médecins n'ont voulu
voir dans le traitement par les alcalins qu'une action spéciale sur les phénomènes intimes d'assimilation.

On a même fort longuement discuté sur les effets
de cette médication altérante, bien qu'on ne la con-
naisse encore que médiocrement dans son mode de
production, et certains auteurs, Trousseau à leur
tête, ont énergiquement insisté sur l'anémie et la cachexie particulière qui en seraient la conséquence.
Cette question théorique, que nous ne pouvons que
rappeler ici, a été l'objet de la part d'un des médecins les plus éminents de Vichy, M. Durand-Fardel,
d'une longue discussion qui a eu pour but de montrer ce que les craintes de ceux qu'il combattait
pouvaient avoir d'excessif.

Puisqu'il faut se borner uniquement, en ce point,
à constater les effets de la médication alcaline,
faute de connaître nettement le mode suivant
lequel elle se produit, il nous reste à passer sommairement en revue les indications thérapeutiques

des eaux bicarbonatées-sodiques. Celles-ci peuvent être divisées, comme pour toutes les autres eaux, en *spéciales, communes* et *accidentelles*. Voici, en quelques lignes, l'énumération de chacun de ces groupes.

« La *spécialisation* des eaux bicarbonatées-sodique s'adresse : aux maladies du foie, à la goutte, à la gravelle urique, aux engorgements des viscères abdominaux.

« Leurs applications *communes* concernent : la dyspepsie, le diabète, le catarrhe des voies urinaires.

« Leurs applications *accidentelles :* le rhumatisme, la métrite chronique, les maladies de la peau. » (Durand-Fardel.)

L'étude, qui va suivre, des principales sources bicarbonatées complétera ce que cette simple énonciation présente de trop incomplet.

En tête des eaux bicarbonatées-sodiques, tant pour leur riche minéralisation et leur valeur médicale, que pour leur immense renommée, il faut inscrire Vichy et Vals. L'Allemagne n'a rien à opposer à ces établissements, et si le titre de « Roi des eaux » convient bien à Carlsbad (Autriche), que l'on désigne volontiers de ce nom en Allemagne, nous ne savons quelle désignation on pourrait octroyer à Vichy.

Vichy (Allier), que l'on suppose être l'ancien *Vicus calidus* des Romains, et où l'on a découvert des traces non douteuses de thermes antiques, ne remonte pourtant pas extrêmement loin pour son utilisation médicale. Par le nombre et l'importance des sources, par leur valeur et aussi par la magnifique installation que l'on rencontre auprès d'elles, il est devenu aujourd'hui le premier de nos établissements français. Commencé en 1784 et achevé en 1829, cet établissement, propriété de l'État mise en ferme, a reçu, depuis 1853, de telles améliorations et éprouvé une telle extension que son état présent ne laisse guère deviner ce qu'il a pu être dans le passé. Sous le rapport de l'installation balnéothérapique, bains, douches, nombre des cabinets de de bains, nous ne connaissons rien qui puisse lui être comparé.

C'est que, par le nombre et le débit des sources, en dehors de l'importance médicale des eaux que nous aurons à examiner bientôt, Vichy est vraiment une station exceptionnelle. Pourvue de sources nombreuses sur son territoire même, elle verrait encore au besoin le régime de ses eaux minérales augmenté par d'autres sources similaires qui jaillissent dans son voisinage, à *Cusset* (3 kilom.), à *Abrest* (1 kilom. ¹/₂), à *Saint-Yorre* (7 kilom.), et à Vaisse (1 kilom.).

Des sources de Vichy même, les unes sont naturelles et les autres artésiennes, mais forées sur d'anciens puits oblitérés. Les premières se distinguent par une température, en général, plus élevée de 28°, 50 à 43°, 60, à part la source naturelle des *Célestins* dont l'eau ne marque que 15° au thermomètre. Ce premier groupe comprend : le *Puits-Carré* et le *Puits-Chomel* (43°, 60), spécialement utilisé pour l'usage externe, la *Grande-Grille* (42°,50), les sources *Lucas* (28°,50), de l'Hôpital (35°,70), et des *Célestins* (14°,3) réservée à la boisson.

Le groupe des sources artésiennes est formé des sources *Lardy* (23°,9), du *Parc* (22°), de *Mesdames* (17°) et de la source d'*Hauterive* (15°), qui coule à 6 kilomètres sur la rive opposée de l'Allier et fournit aux besoins de l'exportation.

En présence de ce nombre relativement considérable de sources exploitées et qui offrent, sous le rapport de leur constitution, des nuances assez tranchées pour que la pratique ait su y découvrir des motifs d'indications plus formelles pour quelques-unes, on reconnaîtra l'utilité de reproduire, sous forme de tableau, l'analyse de plusieurs de ces sources. On a coutume de tenir un certain compte, pour l'utilisation médicale, de la qualité ferrugineuse plus prononcée des sources de Lardy , de Mesdames et d'Hauterive. De même, les sources de Lucas, du Puits-Chomel et du Parc, qui dégagent une légère odeur d'hydrogène sulfuré, doivent à cette qualité de recevoir certaines applications plus particulières.

PRINCIPES MINÉRALISATEURS.	GRANDE-GRILLE.	PUITS-CHOMEL.	SOURCE DE L'HÔPITAL.	SOURCE DES CÉLESTINS.
	gr	gr	gr	gr
Acide carbonique libre dissous	0,908	0,768	1,067	1,049
Bicarbonate de soude........	4,893	5,091	5,029	5,103
— de potasse.......	0,352	0,371	0,440	0,315
— de magnésie.....	0,303	0,338	0,200	0,328
— de strontiane....	0,003	0,003	0,003	0,005
— de chaux, ...	0,134	0,427	0,462	0,462
Bicarbonate de protoxyde de fer.....................	0,004	0,004	0,004	0,004
Bicarbonate de protoxyde de manganèse...............	traces.	traces.	traces.	traces.
Sulfate de soude...........	0,291	0,291	0,291	0,291
Phosphate de soude.........	0,130	0,028	0,091	0,091
Arséniate de soude.........	0,002	0,002	0,002	0,002
Borate de soude........	traces.	traces.	traces.	traces.
Chlorure de sodium..........	0,534	0,534	0,518	0,534
Silice.....................	0,070	0,070	0,050	0,060
Matière organique bitumineuse	traces.	traces.	traces.	traces.
	7,614	7,929	8,222	8,244

(Bouquet, 1855.)

Bien que les eaux de Vichy soient les plus minéralisées parmi les bicarbonatées-sodiques, il est rare que les phénomènes physiologiques déterminés par leur action prennent une certaine intensité. Il est commun, au contraire, de voir ceux-ci manquer totalement, et c'est même là un fait qui tend à bien faire augurer de l'action des eaux, tellement on tient leur manifestation pour inutile ; aussi cherche-t-on davantage à les éviter qu'à les faire naître.

Les seuls indices par lesquels se traduit l'influence du traitement consistent en une augmentation de l'appétit, une facilité plus grande dans les digestions et un mieux-être général avec augmentation des forces, phénomènes qui persistent jusqu'au moment où quelques accidents, que l'on peut appeler de saturation (fatigue, excitation, etc...), viennent avertir que le moment est venu de suspendre le traitement thermal. Ce terme se manifeste d'ordinaire du 20 au 30me jour.

Est-il utile de rappeler que les eaux de Vichy sont employées en douches, mais surtout en boisson et en bains ? Sous cette dernière forme, l'eau minérale est rarement donnée pure, mais plus ordinairement coupée de moitié d'eau douce.

Les indications thérapeutiques des eaux de Vichy sont celles des bicarbonatées fortes. Au premier plan il faut placer les maladies du foie, la cholélithiase, les engorgements du même organe, qu'ils soient simples et consécutifs à une hépatite aiguë ou chronique, ou secondaires, et qu'ils soient la conséquence de fièvres intermittentes antérieures. Les seules maladies du foie qui éprouvent une contre-indication à l'usage des eaux de Vichy sont les dégénérescences cancéreuse ou tuberculeuse de cette glande et la présence d'une hydropisie.

Les coliques néphrétiques déterminées par la gravelle urique ne présentent pas une indication moins formelle que les maladies du foie. Dans ce cas, comme dans le traitement du groupe précédent de maladies, les eaux de Vichy agissent non-seulement par stimulation pour débarrasser les voies des calculs qui les obstruent — stimulation, que suffirait à faire naître d'autres eaux moin, actives, — mais elles font sentir surtout leurs effets sur l'état général, en s'opposant à la production de nouveaux accidents. Elles ont donc dans ces deux cas une action véritablement curative.

Si c'est principalement en modifiant la diathèse que les eaux agissent sur la gravelle urique, c'est pour la même raison qu'elles acquièrent toute leur importance dans le traitement de la goutte aiguë et régulière. Mais ici, il convient de choisir le moment opportun pour recourir à la médication alcaline. Il faut mettre les eaux en usage à une époque aussi éloignée que possible des accès, jamais pendant leur durée.

Ainsi, tandis qu'on a vu déjà les eaux chlorurées-sodiques s'appliquer également au traitement de la goutte, il faut bien remarquer que celles-ci s'adressent surtout à la goutte chronique avec persistance des altérations goutteuses (tuméfaction , déformation, tophus, ankylose, etc.), qui ne sont plus susceptibles de se résoudre à la suite d'accès aigus (Bourbonne, Balaruc, Bourbon-l'Archambault, Wiesbaden, Hombourg), tandis que c'est à la diathèse même, et par conséquent à la goutte aiguë, dans les limites que nous avons indiquées plus haut, que conviennent Vichy et Vals.

Mais ce n'est pas tout, et il reste une autre distinction à établir à propos de la goutte aiguë : les bicarbonatées fortes ne conviennent pas pour les gouttes mobiles dans lesquelles on peut redouter le transport sur quelque organe splanchnique, lorsque la maladie occupe tantôt l'appareil digestif, tantôt le cœur ou l'encéphale, qu'elle revêt la forme de névrose ou un appareil fluxionnaire. C'est alors qu'il faudra avoir recours à des eaux moins fortement bicarbonatées. Ems, que les médecins allemands recommandent dans la goutte, à défaut d'autre source plus appropriée, conviendrait dans ce cas, surtout

si la goutte, s'accompagnait d'un état d'éréthisme ;
mais Ems ne présenterait pas plus d'avantages que
Néris, que Contrexéville, que Vittel (bicarb.-cal-
cique), ni que le plus grand nombre des bicarbonatées sodiques moyennes et faibles qui vont
nous occuper. L'eau sulfatée sodique de Carlsbad
(États autrichiens, Bohême), que l'on applique à
peu près avec les mêmes réserves que pour celles
de Vichy, conviendrait mieux qu'Ems au traitement
de la goutte aiguë.

Les troubles de la digestion stomacale ou intestinale sont, pour Vichy, le sujet d'applications fort
nombreuses. Ce sont même là peut-être les affections
qui amènent le plus de malades à ces sources. En
tête des troubles morbides de ce groupe, il faut placer la dyspepsie à tous ses degrés avec le cortége
d'accidents généraux qu'elle peut entraîner après
elle, et surtout la dyspepsie acide. La forme de dyspepsie dite pituiteuse est peut-être la seule à exclure ;
celle-ci est plutôt justiciable des eaux chlorurées et
gazeuses. Les résultats ne sont pas moins heureux
dans les dyspepsies intestinales et dans l'entérite
chronique. Au contraire, il ne faut adresser à Vichy
que les gastralgies qui reviennent par accès douloureux; les autres formes doivent être réservées
aux bicarbonatées moyennes et faibles.

Le diabète est l'objet, depuis longues années, d'un traitement relativement avantageux par les eaux de Vichy. Les maladies chroniques des femmes, surtout l'engorgement sans ulcération ni catarrhe coexistants, l'état atonique de l'appareil utérin, la cachexie paludéenne, avec les formes si variées qu'on lui voit revêtir dans les pays chauds (affections hépatiques, gastriques, dysentériques), les maladies de la peau de nature arthritique : voilà ce qui forme plus spécialement le fond de la pratique de Vichy.

Vals (Ardèche), qu'il faut placer à côté de Vichy et à peu près sur le même plan, et dont les eaux étaient encore fort peu connues, il y a une quinzaine d'années, sont des plus fréquentées de nos jours. Ce succès, qui a été fort prompt, et peut-être un peu trop bruyant, est pourtant très-légitime. Vals le doit certainement, pour la plus grande partie, à la valeur réelle de ses eaux. Mais si les deux stations qui nous occupent peuvent se suppléer l'une par l'autre, il faut bien noter que leurs analogues ne se rencontrent dans aucune des sources d'outre-Rhin. L'étendue exceptionnelle donnée à la notice sur Vichy nous dispensera d'entrer dans des détails aussi nombreux pour Vals. Nous n'insisterons donc que peu sur les points de pratique qui peuvent être considérés

comme communs aux deux stations, pour nous éten
dre davantage sur ce qui en constitue les dissemblances.

Les sources minérales de Vals sont nombreuses
on n'y en compte pas moins d'une trentaine et chaque jour en voit, pour ainsi dire, accroître le nombre. Mais il faut se hâter d'ajouter que le débit de
chacunes d'elles est très-médiocre, ce qui fait que,
en réalité, la quantité d'eau minérale fournie par
leur ensemble n'a rien d'excessif. Toutes sont froides, 14°, et c'est là une distinction qu'il est important de noter dans leur comparaison avec celles de
Vichy; elles proviennent, pour le plus grand nombre, de forages peu profonds, et émergent d'une
roche feldspathique quartzeuse à fleur de sol.

Tandis qu'à Vichy, malgré des différences signalées par l'analyse chimique, les eaux de toutes les
sources se rapprochent sensiblement d'un type
unique et qu'elles appartiennent toutes à la classe
des bicarbonatées fortes, les eaux de Vals ont pour
caractéristique d'être plus variées dans leur composition chimique et surtout dans la quantité de
leur minéralisation.

C'est ainsi qu'on a pu diviser ces dernières en
trois grands groupes comprenant depuis les bicarbonatées-sodiques les plus fortes jusqu'aux eaux

faibles, en passant par les moyennes. Un dernier groupe est constitué par des eaux sulfo-arsénicales-ferrugineuses. Nous allons examiner chacun d'eux ; mais dans l'impossibilité où nous sommes de nous arrêter à chaque source, nous ne prendrons que les plus connues de chaque catégorie.

Les groupes des bicarbonatées fortes et moyennes de Vals comprennent plus d'une douzaine de sources, et l'on voit les indices de minéralisation y varier de $2^{gr},886$ (*Impératrice*), à $9^{gr},142$ (*Désirée*), le poids de l'acide carbonique libre, qui est, en moyenne, de 2 grammes par litre, étant laissé de côté.

La plus minéralisée de toutes ces sources, *Désirée*, contient par litre : bicarbonate de soude $6^{gr},200$, bicarbonates de chaux, de magnésie, de fer (0,010) des proportions minimes, des indices de bicarbonate de lithine, chlorure de sodium $1^{gr},100$, des traces d'iodures alcalins et d'arsenic, enfin $2^{gr},486$ d'acide carbonique libre, en tout $11^{gr},628$ de principes minéralisateurs par litre. La *Précieuse*, à peu près minéralisée de même sorte, donne, avec le gaz, $11^{gr},103$; *Rigolette*, $9^{gr},921$.

Dans le groupe des sources faibles, *Impératrice*, *Pauline*, *Saint-Jean*, *Marie*, la proportion du bicarbonate de soude n'est plus que de $1^{gr},700$ à 0,895 (*Marie*) ; *Pauline* n'a en tout que $2^{gr},015$ de sels avec 2ᵍʳ, 138 d'acide carbonique libre par litre ; elle contient des traces très-sensibles de carbonate de lithine ; *Saint-Jean* est surtout riche en fer et en manganèse avec de bonnes traces d'arsenic.

On comprend les ressources qu'une telle gradation présente à la thérapeutique ; avec la richesse remarquable de quelques-unes de ces sources, c'est là une autre condition dont cette station s'enorgueillit assez justement. Nous avons déjà dit que toutes ces eaux sont froides ; il faut ajouter que toutes également sont limpides et gazeuses et se prêtent à merveille à l'embouteillage et au transport. Ce sont là autant de qualités précieuses pour des eaux qui, d'après leur degré de minéralisation, peuvent prétendre soit à être employées comme eaux de table hygiéniques, soit comme eaux complétement médicinales.

Après les longs détails que nous avons consacrés aux indications thérapeutiques des eaux de Vichy, détails qui s'appliquent non moins bien aux eaux de Vals, et les renseignements que nous venons de donner sur la minéralisation variée de ces dernières, il nous suffira de faire ici une courte récapitulation des états morbides auxquels ces eaux s'adressent : dyspepsie, entérite chronique, gastralgie, maladies du foie, hépatalgie, calculs biliaires, coliques néphrétiques, catarrhe vésical, gravelle, goutte, diabète, congestions chroniques de l'utérus, infection paludéenne, cachexie des pays chauds, maladies de la peau de nature arthritique, etc...

Les eaux faibles de Vals s'adressent à des maladies de même nature que les eaux fortes, mais elles donnent la latitude d'aborder le traitement chez certaines idiosyncrasies tellement susceptibles et si névropathiques qu'on verrait échouer toute tentative aite au moyen d'eaux plus minéralisées.

Il nous reste, pour terminer ce qui a trait à Vals, à parler des eaux sulfo-arsenicales-ferrugineuses (*Dominique, saint-Louis*) que nous n'avons fait que signaler plus haut. Ces eaux n'ont aucune analogie avec celles qui précèdent, elles sont toniques et sédatives. L'analyse nous les révèle comme principalement minéralisées par des sulfates, des arséniates et des arsénites, un peu de fer et une quantité insignifiante de chlorure de sodium. Il n'y a pas à insister longuement, croyons-nous, sur les indications auxquelles répondent ces eaux ; leur composition le fait assez pressentir, et leur action peut se représenter par ces quelques mots : eaux toni-sédatives et reconstituantes, fébrifuges et antipériodiques.

Aux deux stations qui précèdent, l'Allemage n'en a aucune à opposer ; elle n'a aucune eau analogue par sa richesse et par son activité thérapeutique.

Ems (duché de Nassau) constitue, dans cette classe, la principale ressource d'outre-Rhin, sans doute parce que cette eau est la plus minéralisée des bicarbonatées-sodiques de cette région; peut-être aussi faut-il tenir compte, dans l'immense réputation dont elle a joui jusqu'ici, de quelques autres raisons extra-médicales que nous n'avons par conséquent pas à examiner.

Mais, tandis que Vichy et Vals ont des spécialisations très-nettement tranchées, il s'en faut que les eaux d'Ems répondent à des indications aussi formelles et surtout identiques. C'est là, du reste, ce qu'il sera aisé de reconnaître par l'exposition des applications thérapeutiques les plus habituelles de ces eaux. S'il n'était toujours chanceux, en ces matières, de tenter certains rapprochements fatalement inexacts, c'est bien plutôt à côté de nos sources bicarbonatées mixtes françaises du Mont-Dore et de Royat qu'en regard de Vichy et de Vals qu'il faudrait placer la source qui nous occupe.

Ems a des sources nombreuses, une trentaine, qui, bien que répandant leurs eaux sur les deux rives de la rivière de la Lahn, paraissent avoir une origine commune. Ces eaux sont thermales de 29°,5 à 47°,5, douces, onctueuses au toucher, très-limpides et abandonnent à l'air de grandes quantités de concrétions presque exclusivement formées de carbonate de chaux.

De ces sources multipliées, deux, le *Krähnchen* (Source du Robinet) et le *Kesselbrunnen* (S. de la Chaudière), sont surtout utilisées en boisson ; elles sont aussi des plus minéralisées. La première·contient 109 centilitres cubes d'acide carbonique libre et 3^{gr}, 372 de sels par litre ; la seconde 70 centilitres de gaz et 3^{gr}, 543 de sels. Ce sont ces deux sources que. nous prendrons comme exemple, et si nous nommons encore la *Bubenquelle* (S. aux Garçons), ce n'est que pour faire connaître sur quoi est fondé son renom.

L'analyse donne pour la Kesselbrunnen : bicarbonates de soude 1^{gr}, 978 ; — de chaux 0^{gr},235 ; — de magnésie 0^{gr}, 186 ; — de fer 3 milligrammes ; — de magnésie, de strontiane et de baryte réunies 1 milligramme ; chlorure de sodium 1 gr. ; sulfates de potasse, de soude et phosphate d'alumine, proportions insignifiantes ; carbonate de lithine, iodure et bromure de sodium, traces et faibles traces. En tout 3^{gr}, 517 et il n'est pas probable que l'on soit fondé à reprocher à l'auteur de cette analyse, Fresenius, de l'avoir incomplétement faite.

L'installation balnéologique d'Ems est certainement l'une des meilleures et des plus soignées de toute l'Allemagne ; elle n'est pas répartie entre moins de cinq établissements. Les eaux d'Ems sont employées en boisson et en bains. Un médecin français, qui a longtemps écrit sur les sources allemandes, les définit chimiquement des bicarbonatées-sodiques moyennes, chlorurées faibles et carboniques fortes. Cette triple qualité, dont aucune n'est très-fortement caractérisée, donne déjà à douter d'une spécialisation décisive. Les phénomènes physiologiques déterminés par l'usage de l'eau en boisson et en bains tendent à augmenter ce doute. Bue chaude à la dose d'un litre et plus, l'eau thermale augmente la transpiration, effet direct du calorique, et retarde les évacuations alvines, ce qui est une conséquence de la diaphorèse. Prises en excès, elles déterminent comme celles de Vichy des phénomènes d'intolérance qui cessent par un usage plus rationnel.

En bains, de 35 à 37°, on voit les eaux d'Ems déterminer de l'excitation génerale, agitation, insomnie, mouvement fébrile même, pour peu qu'on soutienne l'épreuve durant quelques jours. Mais de 25 à 28°, cette médication devient très-tolérable sans aucun trouble. C'est donc principalement l'influence du calorique, jointe à celle de l'acide carbonique forcément inhalé, qu'il faut mettre en cause dans cette action.

Dans quels cas conviennent surtout les eaux d'Ems? Douceur d'action, influence modificatrice dans les affections catarrhales chroniques (Spengler), et résolutive dans la congestion et l'inflammation chronique (Alfred Becquerel), telles sont les principales indications. Quant au terrain organique qui semble le plus propice à leur action, ce sont le tempérament pléthorique et les sujets prédisposés aux névropathies.

A Ems, comme à Vichy, on traite les affections du foie, des reins, la gravelle, la goutte commençante, la dyspepsie, le diabète, mais, dans ces applications, les eaux qui nous occupent ne devraient être choisies que dans les cas où des symptômes douloureux contre-indiqueraient une médication plus active. La véritable indication reste l'élément catarrhal : catarrhe de l'appareil urinaire, des organes respiratoires ou du tube digestif. Comme le Mont-Dore, auquel la pratique d'Ems peut être comparée par tant de points, l'eau de la source allemande a été très-fortement préconisée contre les affections catarrhales des bronches et du larynx et même dans le traitement de la phthisie. M. Rotureau repousse absolument cette dernière indication; Alfred Becquerel voulait qu'on y apportât une grande réserve et une extrême circonspection dans l'application. Trousseau, M. le

Professeur Lasègue et le docteur Vogler (d'Ems) circonscrivent l'action de ces eaux aux seuls phthisiques présentant un vif éréthisme du système vasculaire.

Dans le traitement des affections chroniques de l'utérus, inflammations et congestions, surtout lorsque celles-ci coexistent avec l'élément catarrhal, l'action résolutive des eaux d'Ems a été reconnue utile par A. Becquerel. C'est à cette unique considération qu'il faut borner le merveilleux prestige de la Bubenquelle ou Source aux Garçons, ce jet naturel d'eau chaude, d'un mètre de hauteur environ, qui, pris en douche interne, dissipe la stérilité !

A côté d'Ems, parmi les eaux bicarbonatées-sodiques allemandes, il faut placer les deux sources de *Teplitz-Schönau* et de *Bilin*, toutes deux situées en Bohême et possessions de l'Autriche.

Les deux sources de Bohême, moins connues en France que leur similaire de Nassau, sans doute parce que les établissements qui les exploitent n'ont pas eu à leur disposition le libre exercice de quelques-unes de ces distractions extra-médicales dont un certain public se montre si avide, donnent pourtant des eaux qui l'emportent par la richesse de leur minéralisation.

TEPLITZ-SCHÖNAU, — la *Hauptquelle*, 49° de température, fournit un total de 4 ^{gr},943 par litre. Carbonate de soude 2^{gr},844, — de lithine, 0,18 ; — de fer, 0,03 ; chlorure de sodium 0,458 ; — de potassium 0,110 ; iodure de sodium 0,060, tels sont, avec leurs indices numériques les plus importants, les sels qui la minéralisent.

Les autres sources de Teplitz-Schönau ont une miséralisation qui se rapproche assez de celle de la *Hauptquelle* pour qu'il n'y ait pas lieu de s'y arrêter. Elles n'alimentent pas moins de six établissements différents dont trois sont à Teplitz et trois à Schönau. Parmi ceux de cette dernière localité, il faut surtout citer le *Stephanbad* et le *Schlangenbad* (Bain des Serpents).

Cette profusion d'établissements, tous pourvus de piscines, de douches et d'étuves, fait déjà pressentir que le traitement externe doit être fort suivi à Teplitz. Il y domine, en effet, à peu près exclusivement. Mettant à profit la thermalité, les médecins de cette station usent des divers modes balnéaires, pour agir sur la peau, stimuler la circulation et l'innervation périphérique et obtenir la révulsion. Le rhumatisme, sous toutes les formes, la goutte atonique et surtout le rhumatisme goutteux, les paralysies d'origine rhumatismale ou purement nerveuses, les engorgements articulaires et les suites de traumatismes : voilà ce qui y forme le fonds de la pratique. On demande donc plus particulièrement, de l'autre côté du Rhin, à ces eaux bicarbonatées très-thermales les mêmes services à peu près que nous obtenons en France de nos eaux sulfatées-sodiques de Plombières ou bicar‑ bonatées mixtes de Néris.

BILIN, « le Vichy de l'Allemagne », — ce qui ne laisse pas que d'être flatteur pour le Vichy français dont Bilin n'est qu'un diminutif — est le complément de Teplitz, où on exporte ses eaux en abondance pour la boisson.

L'eau de Bilin, très-limpide, se mêlant facilement au vin, très-susceptible de se conserver, n'est guère l'objet que d'une exportation étendue ; l'établissement thermal est fort peu de chose par lui-même. Les Allemands donnent à ces eaux les applications que nous avons déjà passées en revue à propos de Vichy et de Vals.

Ces eaux proviennent de quatre sources dont la plus importante, la *Josephsquelle*, à 9°,5 de temp., a pour composition : carbonates de soude 3^{gr}, 008 ; — de lithine 0,018 ; — de fer 0,009 ; chlorure de sodium 0,382 ; sulfate de potasse 0,128 ; — de soude 0,826 ; en tout 4^{gr},949 par litre et 17 centigrammes d'acide carbonique libre.

Ems, Bilin, Teplitz, ce sont là les trois prin‑ cipales stations bicarbonatées-sodiques, pour ne pas dire les seules de l'Allemagne. Aucune des trois ne répond aux indications formelles et très-définies auxquelles on peut atteindre à Vichy et à Vals. Ems, pour sa pratique, tient un peu du Mont-Dore, un peu de Vichy, un peu de Plombières; mais nous avons mieux que cela chez nous. Bilin est un « Vichy froid », Teplitz principalement un succédané de Plombières et de Vichy. Le véritable Vichy de l'Allemagne, c'est Carlsbad, et nous le retrouverons bientôt avec ses nuances caractéristiques (1).

Mais si, chez nous, Vichy et Vals représentent la médication bicarbonatée forte, ceci ne veut pas dire que nous soyons dépourvus de sources moins minéralisées. Le *Boulou* (Pyrénées-Orientales), *Velleron* (Vaucluse), *Châteauneuf* (Puy-de-Dôme), *Vic-sur-Cère* (Cantal), parmi les eaux moyennes, sont des représentants de cet ordre.

Le **Boulou** (Pyrénées-Orientales), autant par la valeur de ses eaux que par sa position extrême dans les Pyrénées-Orientales, peut tout espérer de l'avenir. Deux sources y sont surtout à utiliser plus largement qu'on ne le fait : les sources du *Boulou* et de *Saint-Martin de Fenouilla*.

Voici la composition de la première de ces eaux, qui est froide (témp. 17°,81) : carbonate de soude

(1) Voyez aux eaux sulfatées-sodiques.

2^{gr},431 ; — de chaux 0,742 ; — de fer 0,032 ; chlorure de sodium 0,852 ; acide carbonique libre 0^{lit}, 611 ; le total des sels, en tenant compte de divers principes que nous négligeons de mentionner ici, est de 4^{gr},405. Ainsi qu'on le voit, cette source se rapproche beaucoup des sources ferrugineuses de Vichy.

Velleron (Vaucluse), présente 1^{gr},450 de bicarbonates de soude et de potasse, des proportions minimes de chlorure de sodium, de sulfates de soude et de chaux, de carbonate de protoxyde de fer et des traces d'arsenic, en tout 3^{gr},353 de sels par litre et 0^{gr},460 d'acide carbonique.

Châteauneuf (Puy-de-Dôme), avec son immense richesse minérale, quatorze sources, et leur précieuse variété de température, de 15° à 37° cent., offre certainement, en tenant compte des quatre établissements créés pour exploiter les eaux, un véritable intérêt pour le médecin. Toutes ces sources donnent une moyenne de 1^{gr}, 50 de bicarbonate de soude joint à des bicarbonates de potasse, de chaux, de magnésie et de fer en moindre proportion ; un peu de chlorure de sodium, des traces d'arsenic, de lithine, de crénate de fer et 1^{gr}, 835 d'acide carbonique libre par litre, en tout 3^{gr},216 de sels (*Fontaine de la Pyramide*). Les eaux de Châteauneuf, voisines de celles de Vichy, n'ont guère qu'une clientèle locale; on y traite surtout le rhumatisme simple, la dyspepsie et la gastralgie. Nul doute que dans une région autre que l'Auvergne cette station n'ait pris une plus grande extension.

Parmi les bicarbonatées-sodiques faibles, *Chaudes-Aigues* (Cantal), et *Saint-Laurent* (Ardèche), toutes deux extrêmement thermales et d'une minéralisation que l'on peut dire indifférente, sont susceptibles de recevoir des applications qui ont entre elles la plus grande analogie — sans oublier *Soultzmatt*.

Chaudes-Aigues, *Aquæ calentes*, sources bien nommées puisqu'elles sont à peu près les plus thermales de France, 57 à 81°, 6, doivent à leur haute thermalité autant qu'à leur minéralisation, qui est très-faible (0^{gr}, 939 par litre), leur importance médicale. On serait peut-être en droit de dire que l'on y fait surtout de l'hydrothérapie chaude, si l'analyse chimique n'y avait décelé la présence de corps extrêmement actifs. M. Mondeau y note du sulfure d'arsenic, du bromure et de l'iodure de sodium et du fer en très-petite quantité.

Les principales indications des eaux de Chaudes-Aigues sont le rhumatisme musculaire et les névralgies, principalement chez les sujets irritables et très-névropathiques. Les névralgies sciatiques et crurales, les paralysies de nature rhumatismale y sont l'objet d'un traitement qui, par bien des points, se rapproche de celui que l'on suit dans la station infiniment plus connue de Néris.

Les eaux de **Saint-Laurent** (Ardèche), également très-chaudes (temp. 53°, 5), sont encore un peu moins minéralisées que les précédentes. Elle ne donneraient que 0^{gr}, 682 de sels par litre et le carbonate de soude y figurerait pour la majeure partie. L'analyse de cette source, extrêmement considérable comme débit, est très-incomplète.

Les rhumatismes, les névralgies et les paralysies de nature rhumatismale : hémiplégies, paraplégies, quelques-unes, enfin, d'origine traumatique, y forment, comme à Chaudes-Aigues, le fond habituel de la pratique médicale.

Soultzmatt (Haut-Rhin), l'une des sources d'Alsace qu'un odieux traité nous arrache, mais qu'il nous faut continuer à tenir pour française, est bien une des plus intéressantes bicarbonatées faibles; nul doute que ceux qui la retiennent actuellement n'y trouvent d'importantes ressources thérapeutiques.

Les eaux de Soultzmatt, froides, riches en acide carbonique libre 1^{gr},945, puissamment digestives, ont été, jusqu'ici, principalement utilisées à distance. Leur minéralisation les rend des plus propres à cette destination. Avec une faible proportion

de bicarbonates (bicarbonate de soude 0,957 ; —
de lithine 0, 009 ; — de chaux 0,431 ; — de magnésie 0,313), un peu de chlorure de sodium et de sulfates de potasse et de soude, une petite quantité
d'arsenic et 9 milligrammes de fer, elles donnent en
tout, gaz compris, 4^{gr}, 046 par litre.

A la source, comme prises à distance, les eaux
de Soultzmatt s'adressent surtout aux troubles de
la digestion, dyspepsie et gastralgie douloureuse,
chez les sujets pléthoriques. Une autre de leurs
indications principales est le catarrhe des voies
urinaires. Peu bicarbonatées et très-digestives, elles
conviennent parfaitement aux malades atteints d'affections légères et chroniques du foie et à certaines
formes de goutte.

La longue série des bicarbonatées mixtes et ferrugineuses, *Saint-Alban*, *Couzan* (Loire), *Châteldon*
(Puy-de-Dôme), etc., complète cette énumération de
nos richesses.

Il est même permis d'avancer que l'énorme réputation dont jouissent Vichy et Vals a tué nombre de
ces stations, pourtant fort intéressantes, et qu'en
attirant à elles la masse des baigneurs, nos deux
grandes stations n'ont pas permis à celles-ci de
prendre le développement qu'elles auraient acquis
sûrement dans un pays moins richement doué.

2° EAUX BICARBONATÉES-CALCIQUES.

SOURCES FRANÇAISES.	SOURCES ALLEMANDES.
Pougues.	Alexanderbad.
Foncaude.	Blasibad.
Ussat.	Badenweiler.
Aix (Bouches-du-Rhône).	Schlangenbad.
Alet.	Abach.
Foncirgue.	Griesbach.
Bondonneau.	
Saint-Galmier.	
Condillac.	
Chateldon.	

Des bicarbonatées-sodiques aux eaux bicarbonatées-calciques la transition est brusque sous le rapport de l'importance médicale. Les premières sont énergiques et franchement médicinales ; les secondes n'ont plus, pour la plupart, qu'une action, modérément tranchée, quelques-unes mêmes doivent être tenues pour purement hygiéniques.

Les bicarbonatées-calciques appartiennent surtout aux terrains secondaires et tertiaires. Beaucoup sont froides ou simplement tempérées ; elles n'atteignent jamais à une haute thermalité. Parfois sursaturées d'acide carbonique, elles l'abandonnent prompte ment à l'air, pour laisser déposer du carbonate neutre de chaux en concrétions épaisses.

La répartition des sources de cette classe se chiffre ainsi pour les deux territoires : France 23 sources, Allemagne 29. Dans les deux pays nous retrouverons quelques stations connues et assez suivies des malades. Quelques autres, comme nos sources françaises de Saint-Galmier, Châteldon, Condillac, sont fort répandues, mais seulement comme eaux digestives.

Les phénomènes déterminés par ces eaux sont trop peu caractérisés pour qu'il soit aisé d'exposer leur action physiologique; d'autre part, l'examen de leur composition chimique ne permet guère de leur découvrir une spécialisation thérapeutique dominante.

Stimulantes et digestives, lorsqu'elles sont prises à l'intérieur, elles trouvent une partie de leurs indications dans les troubles de la digestion; sédatives par leurs bases calciques, on les emploie contre certaines affections catarrhales ou certains engorgements des appareils génito-urinaires chez les deux sexes. Il est pourtant quelques-unes de ces sources, et nous les signalerons, qui paraissent avoir des propriétés thérapeutiques plus formelles.

Parmi les sources françaises de cette classe, nous nous occuperons surtout de *Pougues, Foncaude, Ussat,*

Aix, *Bondonneau*, *Alet* et *Foncirgue ;* nous donnerons une mention, en passant, aux sources gazeuses, froides et digestives, de *Saint-Galmier*, de *Condillac* et de *Chateldon*. En regard nous placerons trois des plus connues parmi les bicarbonatées allemandes, *Griesbach*, *Badenweiler* et *Schlangenbad*. Enfin, dès à présent, nous signalons deux sources de la même classe fort estimées en Suisse, *Pfeffers* (canton de Saint-Gall) et *Saxon* (Valais).

Pfeffers (temp. 35 à 36°) présente une minéralisation inférieure à celle que l'on rencontre dans beaucoup d'eaux potables, puisqu'elle n'est que de 0^{gr},120. Cette station possède un établissement très-bien installé, dans lequel on s'occupe plus spécialement du traitement du rhumatisme et des névroses, en y mettant principalement en œuvre la thermalité et l'action sédative des eaux.

Saxon (temp. 25°) voit rechercher ses eaux bien plus pour l'iode et le brôme qu'elles contiennent en quantité extrêmement remarquable que pour leurs bicarbonates. Ce sont, du reste, autant des eaux sulfatées que bicarbonatées ; le total de leur minéralisation reste très-faible (0^{gr},944 par litre). Les applications thérapeutiques des eaux de Saxon reposant principalement sur les proportions élevées sous lesquelles s'y présentent l'iode et le brôme, il est natu-

rel qu'on y vienne de préférence pour des affections
strumeuses, syphilitiques et divers états cachec-
tiques.

Pougues (Nièvre), la première des stations françaises que nous avons nommées possède deux sources
froides, temp. 12°.La source *Saint-Léger*, la plus anciennement utilisée, présente par litre : bicarbonate
de chaux 1^{gr},326 ; — de magnésie 0,976 ; — de soude
636 ; — de fer 0,020 ; une très-légère proportion de
sulfates de soude et de chaux ; du chlorure de magnésium 0,350, un peu de matière organique soluble,
des traces de phosphate de chaux ; l'iode y a été trouvé en quantité très-notable par M. Mialhe ; en tout
3^{gr},134 de sels et 0^{lit},33 d'acide carbonique libre.

Les eaux de Pougues sont employées en boisson,
en bains et en douches ; l'établissement présente
même une très-bonne installation balnéologique ; il
faut tenir compte de cette condition dans beaucoup
de cas. Enfin, ces eaux, sursaturées de gaz pour mieux
en assurer la conservation, sont livrées à l'exportation.

A Pougues, on traite principalement les affections
douloureuses de l'estomac, gastralgies et dyspepsies
gastralgiques. Ces eaux s'adressent non moins bien
aux affections catarrhales de l'appareil urinaire et,
bien que plus fortement minéralisées, ce n'est pas

là la seule analogie qu'elles présentent avec celles de Contrexéville. Comme elles, elles conviennent aussi dans le traitement de la gravelle, spécialement de la gravelle phosphatique, surtout si celle-ci s'accompagne d'un état douloureux et catharral des reins et de la vessie.

Quelques affections propres à la femme, notamment le catarrhe utérin, les affections calculeuses du foie avec engorgement subaigu et douloureux, le diabète, la scrofule même, au témoignage de Crozant et de M. Roubaud, — et c'est ici surtout qu'il convient de faire intervenir l'excellente installation hydrothérapique, — complètent le cadre le plus habituel de la médication de Pougues.

Les eaux de Foncaude, d'Ussat, d'Aix (Bouches-du-Rhône), d'Alet et de Foncirgue, fort voisines par les chiffres de leur minéralisation, qui restent toujours peu élevés chez chacune d'elles, se rapprochent encore bien plus par leur mode d'action. Cette action, on peut la qualifier d'une façon générale, de sédative et de tonique. L'indication primordiale à laquelle ces eaux s'adressent est l'éréthisme nerveux et les diverses affections chroniques dans lesquelles cet état nerveux domine, qu'il soit conséquence ou au contraire cause de la maladie.

Comment ces eaux bicarbonatées-calciques agissent-elles dans ces cas? Est-ce par les principes qui les minéralisent, principes qui, dans les eaux actuellement en étude, ne figurent qu'en proportions extrêmement minimes? N'est-ce pas plutôt par une sorte d'hydrothérapie méthodique qu'on institue par leur moyen? Ces deux ordres de causes participent sans doute à assurer le double effet de sédation d'abord, et en second lieu de tonicité. Mais des médecins fort instruits paraissent pencher plutôt pour l'action hydrothérapique.

Il le faut croire du moins, quand on voit, comme M. Bertin l'a observé pour Foncaude, la question de température, naturelle ou artificielle, venir dénaturer complétement le caractère de la médication, alors qu'on l'a fait prédominer, soit en l'élevant, soit en prolongeant outre mesure la durée du bain.

Un autre argument à l'appui de cette opinion est fourni par Ussat. L'aménagement de cet établissement est tel que les bains, donnés à l'eau courante, se trouvent maintenus à une température, qui peut être comprise entre 34°,55 et 36°,25, mais qui reste invariable, pour chaque bain, pendant toute sa durée. Or, Ussat présente une spécialité d'action assez caractérisée.

Le traitement externe est donc celui qui est employé presque exclusivement auprès de ces sources.

A l'intérieur, l'usage des eaux ne paraît guère déterminer que quelques effets diurétiques, et semble fort peu important.

Ces généralités établies, il ne nous reste plus qu'à jeter un coup d'œil rapide sur chacune des sources que nous avons nommées, en mentionnant les principales indications auxquelles chacune d'elles répond plus spécialement.

Foncaude (Hérault) présente une seule source bicarbonatée-calcique de 25 à 26° centigrades. Cette température relativement assez basse fit que, durant longtemps, on usa à peu près uniquement, dans cette station, des bains de piscines, d'une durée assez courte, et donnés à la température originelle. Aujourd'hui, on y a davantage recours aux bains de baignoires. L'eau minérale est alors échauffée au moyen d'un robinet qui déverse de l'eau bouillante.

L'eau de Foncaude est fort peu minéralisée, $0^{gr},286$ par litre. Le sel qui y prédomine est le carbonate de chaux, mais cette prédominance est toute relative, puisqu'elle se chiffre par 188 miligrammes ; 6 milligrammes de fer, de l'acide carbonique libre en quantité indéterminée, voilà les principes les plus intéressants à signaler. Il faut, on le voit, rechercher la principale cause d'action dans les modes d'administration.

Les effets les plus accusés du traitement de Foncaude sont la sédation des affections douloureuses et éréthiques en même temps qu'une action tonique. On les utilise contre certaines névralgies, principalement la névralgie sciatique, le rhumatisme nerveux et la gastralgie. Les maladies utérines, particulièrement celles qui s'accompagnent d'état nerveux et de dispositions congestives sont, à Foncaude, fréquemment l'objet d'une thérapeutique favorable et bien entendue. On leur oppose à la fois le traitement externe général et un traitement local. Ce dernier se fait à l'aide de courants d'eau minérale arrivant directement de la source beaucoup plutôt sous la forme d'irrigations que de douches vaginales.

Enfin, certaines maladies cutanées de cause accidentelle, et en tête de celles-ci l'eczéma, sont soumises avec un réel succès à l'action de ces eaux.

Ussat (Ariége) présente une eau minérale à la fois plus minéralisée (1^{gr},276 de sels par litre) et plus chaude (temp. de 32°,50 à 40°,20). C'est cette eau qui, provenant de nombreux griffons en grande abondance, permet de donner des bains à eau courante à des températures fixes, échelonnées entre 31°, 55 et 35°, 25. L'établissement est parfaitement installé.

La principale indication des eaux d'Ussat est

toujours l'état nerveux ; mais ces eaux ont surtout une application très-spéciale dans le traitement des affections utérines. En tête de celles-ci, il faut placer la métrite chronique, surtout lorsqu'elle est compliquée d'un état névropathique général ou de névralgies partielles. On conçoit tout ce qu'on est en droit d'attendre, dans ces cas, d'un traitement qui est à la fois sédatif, tonique et résolutif.

C'est, en se fondant sur cette même action, qu'on recommande encore ces eaux avec tant de raison dans le traitement de beaucoup de névroses générales ou partielles : hystérie, chorée, gastralgie ; dans tous les cas enfin où on doit rechercher une action tonique en même temps qu'une influence sédative et résolutive.

Aix (Bouches-du-Rhône) possède deux sources bicarbonatées-calciques dans lesquelles il faut surtout envisager la thermalité : source de *Sextius*, temp. 34°, 46 à 36°, 87. La minéralisation y est très-faible : source de Sextius, total des sels par litre : 0^{gr}, 225 ; source de *Barret* : 0,517 (temp. 21°).

C'est près des eaux d'Aix que l'on retrouve, en France, les traces les plus importantes du passage des Romains.

Ces eaux, si peu minéralisées, sont dépourvues de toute caractéristique médicale. On utilise leurs propriétés sédatives contre l'éréthisme nerveux ; leur thermalité, jointe à la précédente qualité, les rend utiles contre certaines névralgies rhumatismales. Ce sont donc principalement des indications hygiéniques qu'il faut avoir en vue en recourant à ces eaux.

Alet (Aude) est connu par ses trois sources bicarbonatées thermales (temp. de 20° à 28°), mais surtout par sa source froide et ferrugineuse. L'action de ces deux groupes d'eaux s'aide et se complète l'une par l'autre.

La minéralisation des sources bicarbonatées est très-médiocre ; la source des *Bains* ne donne que 0 ^{gr}, 527 de sels par litre. La source ferrugineuse, légèrement gazeuse, abandonne à l'analyse 0,024 de sesquioxyde de fer par litre.

M. Ed. Fournier a ainsi défini l'action des eaux d'Alet : action éminemment sédative sur le système nerveux ; action élective sur la muqueuse digestive. Les indications signalées par le même auteur sont l'état nerveux, ladyspepsie, la chlorose, la migraine et les convalescences des maladies aiguës.

L'eau minérale de **Foncirgue** (Ariége) est presque froide (temp. 20°), à peine minéralisée (0 ^{gr}, 313) et doit être chauffée artificiellement à l'établissement thermal.

L'état névropathique est toujours la première des indications auxquelles cette eau répond. Les affections utérines, la gastralgie, des éruptions cutanées accidentelles, la diarrhée chronique : tels sont les troubles pour lesquels on vient le plus fréquemment à cet établissement qui n'a guère qu'un intérêt régional.

Bondonneau (Drôme) que, avec intention, nous avons laissé de côté jusqu'ici, est bien encore une source bicarbonatée calcique froide. Mais elle est moins recherchée pour la petite proportion de ses bicarbonates (0^{gr}, 602) que pour l'iode et le brôme qu'elle contient en quantité assez notable (0,003) et pour la présence de l'arsenic. Il faut y signaler encore des traces très-sensibles d'acide sulfhydrique et 2/3 du volume de l'eau d'acide carbonique.

L'eau de Bondonneau n'est pas d'exploitation fort ancienne ; très-estimée dans le Midi, cette source, dont on améliore constamment l'installation et le captage, paraît appelée à prendre un certain rang en hydrologie médicale. Il serait à désirer qu'un travail plus complet fût publié sur son mode d'action qui, d'après l'examen de l'analyse chimique, doit être assez complexe. Ce que nous en avons dit suffira pourtant à en faire pressentir les indications principales.

Nous ne pouvons guère nous étendre, dans ce travail, sur les eaux bicarbonatées-calciques froides gazeuses et digestives. Cette classe d'eaux, à laquelle appartiennent *Saint-Galmier, Condillac, Chateldon*, est trop connue, d'ailleurs, dans ses applications, pour qu'il y ait une grande utilité à y insister. Elles appartiennent à cet ordre qu'on a appelé *eaux de table* ou *hygiéniques;* peut-être même serait-on en droit de dire qu'on a trop négligé, au point de vue des malades, de s'occuper de la valeur médicale qu'elles peuvent présenter. Si on ne les considère pas encore absolument comme de simples aliments, les indications de leur prescription sont du moins devenues, en général, extrêmement banales.

Ces eaux, très-agréables au goût, sont légèrement stimulantes et très-franchement apéritives et digestives. Elles s'adressent surtout aux affections de l'estomac et aux affections de tout l'organisme qui se compliquent d'un état de langueur de l'appareil digestif : chlorose, anémie, diverses cachxies. Sans doute aussi, comme le veut M. le docteur Ladevèze (de Saint-Galmier), leur usage habituel peut rendre des services dans les gravelles urique ou phosphatique.

Saint-Galmier (Loire). — Ces sources sont les

plus anciennement connues et aussi, croyons-nous, les plus répandues dans le commerce. Leur minéralisation, relativement assez élevée, est comprise entre 1 ^{gr}, 886 (source *Fonfort*) et 2 ^{gr}, 889 (source *Badoit*). Leur richesse en acide carbonique peut être évaluée, en moyenne, à un volume et demi. De tous les sels qui les minéralisent, le bicarbonate calcique est celui qui prédomine en quantité; le fer n'y apparaît qu'à dose fort minime, 9 milligrammes.

Condillac (Drôme). — Ces eaux, moins riches en gaz que les précédentes (548 centil. par litre), l'emportent, au contraire, sous le rapport de la minéralisation : 2 ^{gr}, 193 (source *Anastasie*) et 2 ^{gr}, 115 (source *Lise*). Chez elles encore, la prééminence, en poids, appartient au bicarbonate de chaux (1 ^{gr}, 359), mais, à côté de ce sel, il faut noter la présence d'iodure, d'arsenic, de manganèse, enfin du crénate de fer, à la dose d'un à trois centigr. par litre.

On insiste plus qu'on ne le fait pour Saint-Galmier sur l'application des eaux de Condillac au traitement de la gravelle, du catarrhe chronique de la vessie, des dyspepsies et des maladies de langueur, et l'analyse chimique semble donner raison à ceux qui partagent cette opinion.

Chateldon (Puy-de-Dôme), que nous faisons figurer ici au nombre des eaux qui ne servent guère qu'à l'exportation, a pourtant un établissement thermal. On y traite principalement des troubles analogues à ceux que nous signalions au sujet des applications thérapeutiques des eaux qui précèdent.

Il y a à Chateldon sept sources différentes donnant des eaux minéralisées depuis 3 ^{gr}, 500 jusqu'à plus de 5 grammes de sels par litre ; le poids de l'acide carbonique libre dissous, qui est, en général, de près de 2 grammes et demi, par litre, étant compris dans ce nombre. Moins riches en bicarbonate de chaux que Saint-Galmier et que Condillac, les eaux de Chateldon contiennent des iodures et des bromures alcalins, de l'arséniate de soude et de 2 à 3 centigrammes de fer.

Bien que l'Allemagne ne compte pas moins de 29 sources bicarbonatées-calciques, il en est peu, dans ce nombre, qui soient arrivées à une très-grande notoriété parmi nous. La plupart d'entre elles, quoique plusieurs soient très-fréquentées, ne présentent qu'une minéralisation infime et n'offrent nul avantage sur leurs similaires françaises. Parmi les bicarbonatées-calciques d'outre-Rhin, il faut faire une exception en faveur de Griesbach (grand-duché de Bade) comme nous en avons fait une, pour les sources de notre pays, en faveur de Pougues. Ces deux stations se correspondent, du reste, assez directement.

Sous le rapport de la température, les sources bicarbonatées-calciques d'Allemagne ne sont pas mieux partagées que les nôtres. Beaucoup d'entre elles sont froides ; les autres ont des températures moyennes, 26 degrés, et insuffisantes pour qu'elles puissent être employées à leur origine à l'usage externe et sans un chauffage préalable. Les effets obtenus à l'aide de ces eaux sont identiques : action sédative, puis tonique et résolutive. C'est dans leur emploi que l'on voit bien combien les Allemands se sont ingéniés pour multiplier les applications avec des moyens d'action relativement bornés. Quant aux indications auxquelles ils les adressent, est-il utile d'ajouter qu'elles sont forcément les mêmes que nous les voyons être chez nous. Qu'ils aient élargi le cadre de leur action, cela est incontestable ; mais ce qui ne l'est pas autant, c'est que le but poursuivi soit plus sûrement atteint.

En tête de leurs applications, les médecins allemands ont donc inscrit cet ensemble de troubles circulatoires qu'ils réunissent sous le nom de pléthore abdominale, puis la goutte, le rhumatisme, les maladies de la peau et celles de l'appareil utérin. En un mot, ce sont bien les mêmes maladies que nous voyons soigner auprès des sources similaires françaises, mais présentées sous une forme plus affirmative. En réalité, sur la rive droite comme sur la rive gauche du Rhin, il ne faut pas s'arrêter aux mots, et il convient de lire tout simplement, pour ces sources si faiblement minéralisées : hydrothérapie chaude.

Nous allons nous borner à signaler les noms de quelques-unes de ces sources, en les faisant suivre de quelques détails généraux qui suffiront à faire comprendre quelle peut être à peu près leur valeur médicale. Nous ne ferons exception que pour la source beaucoup plus minéralisée de Griesbach, que nous opposerons à Pougues, et pour celle d'Abach dont nous indiquerons la composition assez complexe.

ALEXANDERBAD (Bavière, cercle du Haut-Mein), possède une source froide à 11 degrés de température. L'eau minérale qu'elle donne est plus pauvre en sels que la moins minéralisée de nos eaux bicarbonatées ; le total par litre n'est que de 0^{gr}, 267, dans lesquels le bicarbonate de chaux figure pour 0^{gr}, 142 et celui de fer pour 3 centigr. Cette eau trouve son principe minéralisateur le plus important dans l'acide carbonique, 1008 centil. cubes de gaz pour un litre d'eau. Elle serait mieux nommée eau bicarbonatée ferrugineuse et gazeuse.

BLASIBAD (Wurtemberg) a des eaux froides, temp. 9° cent., qui sont principalement employées en bains dans les affections goutteuses et rhumatismales. Ces eaux sont moins pauvres que celles qui précèdent, mais toujours très-faibles, total de minéralisation : 0^{gr},619, dont 0,402 de carbonate de chaux, le reste en sulfates de chaux et de magnésie.

BADENWEILER , (grand-duché de Bade) possède une source très-faiblement minéralisée aussi, total 0^{gr},0196, mais qui, du moins, est thermale 26°, 5. Parmi les sels qui minéralisent cette eau, il serait bien difficile d'en citer un qui, par la proportion dans laquelle il y figure, lui donne un semblant de caractéristique; l'indice du carbonate de chaux n'est que de 0^{gr},091.

Il serait sans grand profit de poursuivre plus longtemps cette révision. A de très-rares exceptions près, les sources bicarbonatées-calciques d'outre-Rhin sont encore moins minéralisées que leur congénères françaises. Si l'on doit les employer principalement comme moyen d'instituer une hydrothérapie thermale, elles n'ont encore aucun avantage pour elles, puisqu'un très-grand nombre sont froides et que, chez les autres, la thermalité reste inférieure à ce que nous la voyons être chez nous.

Schlangenbad (Nassau), qu'un certain nombre d'auteurs ont rangée dans la présente classe, tant ses eaux sont indifférentes, mais que, en nous guidant sur la prédominance chimique, nous avons dû placer parmi les chlorurées-sodiques faibles (1), dérogerait à cette règle générale avec sa température de 28 à 32° cent.

Abach (Bavière) mérite peut-être une mention spéciale, parce que sa faible minéralisation saline (total $0^{gr},360$) se trouve rehaussée par des gaz composés d'acide carbonique 27^{cc}, et d'hydrogène sulfuré $5^{cc},4$ par litre. Ce dernier gaz se rencontre aussi dans certaines eaux bicarbonatées françaises, mais en moindre proportion.

On peut donc dire que ces sources bicarbonatées-calciques allemandes sont inférieures par leur minéralisation et par leur température aux sources françaises que nous avons étudiées. A propos d'Aix, en Provence, nous avons écrit que les eaux de ses deux sources (indices de minéralisation $0^{gr},225$ et $0,517$), répondaient principalement à des indications hygiéniques et devaient servir à faire de l'hydrothé-

(1) Voyez p. 108.

rapie chaude (temp. 21° et 36°); les sources froides
ou beaucoup moins thermales d'outre-Rhin ne se
prêtent même pas aussi bien à cette dernière destination. Enfin, s'il fallait discuter la valeur de l'a-
ménagement, qu'on n'oublie pas la précieuse installation à eau courante et à température invariable
qu'on rencontre à Ussat.

GRIESBACH , station très - fréquentée du grand-
duché de Bade, possède deux sources, l'une destinée
aux bains, temp. 26°, et l'autre froide (11°) pour la
boisson. Le total de la minéralisation de ces sources
est de 3^{gr},438 pour la première, et de 5^{gr},530 pour
la seconde ; dans le total de celle-ci, l'acide carbonique libre figure à lui seul pour 2^{gr}, 413 ; le bicarbonate de chaux 1,592, celui de fer 0,078, le carbonate de manganèse 0,003, enfin des traces notables
d'acide arsénique et crénique.

La source des bains, moins riche dans son ensemble, total 3^{gr},438, trouve son principe dominant
dans dans la silice 1^{gr},576, le bicarbonate de chaux
n'y figurant plus que pour 0,929.

Nous avons dit que, sous le rapport des totaux de
minéralisation , l'eau de Griesbach pouvait être
comparée à celle de Pougues, mais là doit se borner
la ressèmblance, car, ainsi que l'a fait observer
M. Bunsen, l'eau de Griesbach est avant tout une

eau acidule ferrugineuse. C'est bien à ce dernier titre, du reste, qu'elle est appréciée en Allemagne où on l'emploie principalement contre la chlorose, l'anémie, les désordres du système nerveux qui sont sous la dépendance de ces états, la leucorrhée et le catarrhe utérin. On a encore compliqué cette médication de l'administration des bains de petit-lait et d'inhalations de bourgeons de sapin.

3° EAUX BICARBONATÉES MIXTES.

SOURCES FRANÇAISES.	SOURCES ALLEMANDES.
Mont-Dore.	Brückenau.
Royat.	Krankenheil.
Néris.	Langenbrücken.
Renaison.	Reinerz.
Couzan.	Landeck.
Sail-les-Bains.	Roisdorf.
Saint-Alban.	Schwalheim.
Celles.	
Évian.	
Forges-sur-Briis.	

La classe des bicarbonatées mixtes françaises contient des eaux d'une plus grande importance que
celle qui précède : les établissements du *Mont-Dore*,
d'*Évian*, de *Néris*, de *Royat*, appartiennent à ce
groupe. Pourtant sous le double rapport des conditions chimiques et de la situation géographique, les
analogies sont assez grandes entre les bicarbonatées
mixtes et les bicarbonatées-calciques. Minéralisation
faible et peu effective, action physiologique peu
accusée, applications à la thérapeutique obtenues
en mettant largement en usage les procédés balnéothérapiques bien plus que par une véritable spécialisation d'action, c'est bien le même ensemble de
faits.

On a vu la classe des bicarbonatées - calciques abandonner un contingent assez élevé au groupe d'eaux froides, gazeuses et digestives , que l'on appelle *eaux de table*. Le même fait se reproduit pour les bicarbonatées mixtes, dont *Couzan, Saint-Alban* et *Renaison* ne sont pas les représentants les moins intéressants.

Un grand nombre d'eaux bicarbonatées mixtes sont froides. Comme pour les bicarbonatées - calciques, celles qui sont thermales n'ont pas, d'ordinaire, une température élevée. Cependant le Mont-Dore (50°), Royat (35°) présentent une élévation de caloricité à laquelle n'atteint aucune des sources bicarbonatées-calciques.

Sous le rapport du nombre des sources, l'avantage serait, pour cette classe, à la France qui en compte 24, tandis que l'Allemagne n'en possède que 19, si, dans une question de ce genre, les termes du problème ne devaient pas reposer uniquement sur la valeur médicale des eaux.

Le **Mont - Dore** (Puy-de-Dôme), situé à 1046 mètres d'altitude au milieu des montagnes de l'Auvergne, à la base du plateau de l'Angle, est une des stations les plus suivies de France. Elle répond amplement, avec la réserve de nuances médicales qui se trouveront indiquées plus loin, à bon nombre des indications diverses que l'Allemagne revendique si hautement en faveur d'Ems.

Huit sources minérales bicarbonatées mixtes et bicarbonatées-ferrugineuses, dont sept sont thermales, temp. de 38° à 45°,5, et une seule froide (*Sainte-Marguerite*, temp. 15°), alimentent cet établissement.

Bien qu'il ne soit pas possible d'avancer que toutes les sources aient une composition identique, elles paraissent, du moins, se rapprocher très-sensiblement d'un type commun. Nous ne donnerons donc ici que les indices de minéralisation de la *Source de César*. On y trouve des bicarbonates de soude 0,633, — de chaux 0,225, — de magnésie 0,091, — de fer 0,022; du sulfate de soude 0,065; du chlorure de sodium 0,380, un peu d'alumine et de silice et des traces d'apocrénate de fer et de matière organique. Dans cette analyse, due à Bertrand père, ne figure pas l'arsenic qui n'y fut recherché et découvert que par M. Chevallier. Thénard l'a dosé, dans la source de la *Madeleine* à 0^{milligr}, 033, soit 0^{milligr}, 811 d'acide arsenique ou 1^{milligr}, 253 d'arséniate de soude, par litre.

Le traitement thermal, tel qu'il est institué au Mont-Dore, représente une pratique assez spéciale. Il consiste surtout en bains très-chauds de 40° à 45°.

douches, étuve, inhalations. Les bains tempérés, de 35 à 36° n'y sont guère employés que dans les cas où les bains chauds ne peuvent être supportés. Les bains de pieds sont d'un usage fréquent à titre de révulsifs.

La salle d'inhalation est remplie des vapeurs obtenues par l'ébullition de l'eau minérale ; elle est pourvue de gradins qui font passer le baigneur par des températures successivement croissantes de 18°à 45°.

Le bain très-chaud et très-court est donc ce qui forme le fond de la médication du Mont-Dore. Si l'on y prend l'eau de la Madeleine (45°) en boisson, il semble que ce soit encore pour augmenter l'action sudative au bain. Ce que l'on paraît surtout rechercher par ce traitement thermal, c'est la révulsion et la déplétion. On insiste surtout sur la peau et sur les fonctions de cet organe ; la maladie, qu'il s'agisse de catarrhe bronchique, d'asthme ou de phthisie pulmonaire, n'est pas attaquée de front, mais en quelque sorte d'une façon indirecte.

Un mot, auparavant, sur la série des phénomènes physiologiques déterminés par le traitement thermal du Mont-Dore. Dans cette médication, on voit entrer en ligne de compte une minéralisation que l'on pourrait dire indifférente, n'étaient ses qualités ferrugineuse et arsenicale, et, d'autre part, une thermalité extrêmement élevée.

L'immersion dans le bain très-chaud cause une extrême anxiété ; on n'arrive à rendre cette immersion complète qu'après une série de tâtonnements ; bientôt le pouls devient large et fréquent, la face rougit, la respiration se précipite, la sueur coule abondante ; à la sortie du bain, le pouls est souvent à 100, la sueur ruisselle, il y a, ainsi que l'écrit le docteur Bertrand, un véritable état fébrile. Le malade, bien enveloppé, est reporté dans son lit. Là, la sueur continue, la respiration devient plus libre, le pouls baisse. Ce traitement est soutenu pendant 18 à 20 jours. Du 3e au 8e, il n'est pas rare de voir d'anciens phénomènes douloureux se réveiller et s'exaspérer, c'est même là un fait d'un bon pronostic.

Prise en boisson à 45°, l'eau de la Madeleine excite la sueur et accélère la respiration.

Devant un semblable traitement, il serait assez difficile de limiter la part qui peut revenir aux principes minéralisateurs et celle qui appartient en propre à l'hydrothérapie thermale, si le docteur Bertrand, en insistant très-fortement sur la nécessité de ces températures élevées, n'avait à peu près résolu la question en faveur des influences du second genre.

Maintenant quelles sont les principales indications des eaux du Mont-Dore ?

En tête il faut placer les affections de l'appareil respiratoire : catarrhe bronchique, tuberculisation et asthme humide. Mais convient-il d'envoyer indistinctement au Mont-Dore toutes les affections qui appartiennent à ces groupes ? C'est là que les distinctions deviennent utiles.

Que le catarrhe bronchique ou laryngé, les tubercules ou l'asthme humide soient portés par un sujet lymphatique ou scrofuleux, l'indication est de recourir à l'action substitutive des eaux sulfureuses. Au contraire, le docteur Bertrand a établi par ses recherches et par ses travaux que l'intervention du Mont-Dore est surtout utile dans les maladies chroniques de la poitrine qui sont symptomatiques de quelque affection rhumatismale, goutteuse ou dartreuse actuellement disparue et qu'il serait indiqué de rappeler à son siége d'élection.

Pour la phthisie pulmonaire, c'est principalement la tuberculose acquise et encore à son début qu'il faut envoyer au Mont-Dore, bien que quelques médecins de cette station, et notamment M. Mascarel (1), n'hésitent en aucune façon à admettre des applications beaucoup plus étendues.

De même pour l'asthme, nous n'avons nommé

_____

(1) Mascarel, *les Eaux thermales du Mont-Dore dans leurs applications à la thérapeutique médicole*. Paris, 1869.

que l'asthme humide, d'après Bertrand. Mais M. Richelot a démontré que l'asthme sec et la dyspnée nerveuse sont susceptibles d'être très-heureusement influencés depuis que l'inhalation méthodique fait partie du traitement. La seule contre-indication formelle serait l'existence d'une maladie du cœur ou des gros vaisseaux.

Une autre condition peu favorable, pour l'application des eaux du Mont-Dore au traitement de ces maladies, consiste dans une constitution très-sanguine, pléthorique ou éminemment nerveuse, bien que, dans ces cas, la médication du Mont-Dore soit encore mieux indiquée que le traitement sulfureux. C'était aux malades de cette constitution que s'adressaient plus directement les eaux d'Ems.

Après ce que nous avons dit de la médication du Mont-Dore, on conçoit combien elle doit s'appliquer heureusement au traitement du rhumatisme musculaire ou articulaire sans déformation. C'est même là la principale spécialisation de ces eaux, et elle s'étend non-seulement aux formes régulières du rhumatisme, mais encore aux formes larvées. Tout au plus faut-il faire une réserve pour le rhumatisme nerveux qui se trouverait mieux des eaux de Néris ou de Luxeuil.

— **Royat** (Puy-de-Dôme) est une autre de nos sources bicarbonatées mixtes dont l'usage médical a pris une extension considérable depuis une quinzaine d'années. M. Nivet a voulu établir un rapprochement très-intime entre les eaux de Royat et celles du Mont-Dore. Si les premières sont plus minéralisées, de 4^{gr}, 067 à 5^{gr}, 527, elles sont aussi moins thermales, temp. de 19°,5 à 35°, 5. Cette dernière condition, en ne leur permettant pas d'atteindre à la médication très-énergique du Mont-Dore, devient un nouvel argument très-probant à l'appui de l'opinion soutenue à propos de la précédente station, au sujet de la part à faire à l'influence de la thermalité.

Royat possède quatre sources, dont trois moyennement thermales ; la quatrième, source des *Roches*, est à 19°, 5. Les 30,000 litres d'eau que celle-ci déverse en 24 heures sont recueillis dans un réservoir fermé par une cloche métallique, à l'effet d'y condenser l'acide carbonique que l'eau contient à raison de 831^{cc} par litre. L'eau minérale de cette source est employée pour la boisson. Elle pourvoit aussi à la préparation de limonades et d'eau gazeuse artificielle.

Parmi les sources thermales, nous allons prendre l'analyse de la source de l'*Établissement*, qui est la plus importante, temp. 35°, 5. M. J. Lefort y a trouvé des bicarbonates nombreux, parmi lesquels surtout deux prédominent : bicarbonate de soude 1^{gr}, 349, —

de chaux 1 gr., — de potasse 0,435, de magnésie 0,677, — de fer 0,040, de manganèse, traces ; chlorure de sodium 1^{gr}, 728. Il faut soigneusement noter encore des traces d'arséniate de soude et d'iodure et de bromure de sodium.

A Royat, on use des bains, des douches, de la boisson et des inhalations. Les bains sont parfaitement installés ; une ingénieuse combinaison permet d'en régler rigoureusement la température et de maintenir celle-ci constante durant toute la durée.

La salle d'aspiration serait mieux nommée *sudatorium ;* on y rencontre des températures graduées de 30° à 40° ; elle rend principalement des services dans les phlegmasies chroniques des voies aériennes.

L'action du bain consiste dans une dérivation et une stimulation très-prononcées du côté de la peau. M. Nivet a défini l'action générale des eaux en disant qu'elles sont toniques, emménagogues et légèrement excitantes.

Les grandes indications des eaux de Royat sont : l'atonie, l'anémie et l'état névropathique, non pas considérés en eux-mêmes, mais dans les diverses affections chroniques qui sont sous la dépendance de ces états généraux : dyspepsie, gastralgie, entéralgie, catarrhe pulmonaire, catarrhe génito-urinaire, surtout chez les sujets lymphatico-nerveux.

La diathèse rhumatismale est une autre des indications primordiales de Royat, surtout lorsqu'elle porte sur les muscles, sur les articulations, ou bien lorsqu'elle revêt la forme nerveuse ou goutteuse.

Si l'on est fondé à adresser aux eaux de Royat le reproche de manquer de caractéristique dans leur minéralisation, la même remarque se trouve encore mieux en situation à l'égard de Néris ; mais à ces dernières sources on rencontre une thermalité extrêmement élevée.

Néris (Allier), station appartenant à l'État, possède six sources qui paraissent provenir d'une origine commune. Elles ont de 46° à 52° de température (*source de César*).

L'une des principales, celle de *César*, a laissé à l'analyse, entre les mains de M. Lefort, un total de 1^{gr},265 de sels qui se répartissent ainsi, quant à leur nature : bicarbonate de soude 0,416, — de chaux 0,145, — de fer 0,004 ; — du sulfate de soude 0,389, — du chlorure de sodium 0,178, plus, des traces d'iodure et de fluorure de sodium et de matière organique azotée. Pour les gaz, peu d'acide carbonique libre ; en revanche, une assez forte quantité d'azote et d'oxygène. Le même chimiste a établi ainsi, pour 100 parties, la proportion de ces divers gaz : azote 80,55, oxygène 18,64, acide carbonique 0,80.

Les effets physiologiques déterminés par le traitement thermal de Néris n'ont qu'une médiocre signification. La transpiration y est largement augmentée sous l'influence du bain et de la boisson, sans atteindre pour cela aux proportions extrêmes qu'elle présente au Mont-Dore, l'urine diminuée, ce qu'il est facile de comprendre, l'appétit activé. Quelquefois des éruptions érythémateuses ou miliaires apparaissent à la peau durant le traitement, phénomènes qui sont certainement la conséquence de l'exagération de la transpiration ; d'autres fois, il survient de la diarrhée, et, dans d'autres cas, de véritables symptômes d'embarras gastrique. Pour Néris, comme pour le Mont-Dore, on est en droit de se demander laquelle des deux il faut le plus mettre en cause, de la minéralisation à peu près indifférente des eaux, ou de leur haute thermalité, pour se rendre compte des effets de la médication. Or, on s'accorde à reconnaître à ces sources une action d'abord excitante durant le traitement, et qui paraît être entièrement déterminée par la thermalité, pour aboutir enfin à la sédation, phénomène certain et définitif de la médication.

D'ailleurs l'établissement thermal de Néris, un des mieux conçus sous tous les rapports, est merveilleusement installé en vue de mettre en œuvre cette haute température des eaux et de fournir une hydrothérapie thermale complète. Buvette, bains de baignoires, deux piscines chaudes (40 à 44°), deux piscines tempérées, des étuves, ou bains de vapeur pour chaque sexe, établies au-dessus même du puits de César, des douches de tout genre, un arsenal hydrothérapique et gymnastique très-riche, ce dernier créé dans la piscine même, des bains de vapeur par encaissement, on y a réuni tous les engins de la science hydrologique-moderne.

Les principales indications des eaux de Néris sont l'état névropathique et les névroses. La névralgie sciatique, les névralgies intercostales et plantaires opiniâtres, les maladies de la peau d'ordre nerveux : prurigo, lichen, urticaire, certains eczémas ; la métrite chronique, surtout lorsque cette affection se complique de désordres graves de l'innervation, les névralgies chez les goutteux, l'hystérie, la chorée d'invasion récente suffisent, par leur fréquence, à former une grande partie de la clientèle de Néris. C'est de ce côté, et principalement en vue du soulagement qu'il y pouvait donner à un très-grand nombre de malades des grandes villes, que le précédent inspecteur, M. le docteur de Laurès, avait plus particulièrement tourné son attention.

Mais le rhumatisme, particulièrement le rhumatisme nerveux, est une autre indication de ces eaux si fortement thermales, aidées d'agents balnéothérapiques très-puissants. Les eaux de Néris s'appliquent très-bien au traitement du rhumatisme à une époque encore très-voisine de l'état aigu, la persistance du gonflement et de la douleur n'en contredisent pas l'emploi. C'est surtout le rhumatisme mobile, siégeant sur le trajet des nerfs ou sur les viscères qui se trouvent le mieux de cette médication.

Sail-les-Bains (Loire) possède un ensemble de sources assez précieux et un établissement bien installé. En examinant l'analyse de ces diverses eaux, on éprouve quelque surprise de voir que cette station soit restée jusqu'ici dans un état de fortune plus que précaire. En effet, Sail ne possède pas moins de six sources, dont trois sont bicarbonatées mixtes, d'une faible minéralisation il est vrai (0,519), et de thermalité médiocre (de 26°,5 à 34°), une ferrugineuse bicarbonatée froide (carb. et crénate de fer 0,078), et deux sulfureuses. Ces deux dernières, ainsi que la source ferrugineuse, sont utilisées en boisson.

Sail-sous-Couzan (Loire), que l'on appelle plus ordinairement du seul nom de *Couzan*, possède deux sources bicarbonatées froides assez riches en acide carbonique libre, de minéralisation faible (2^{gr}, 159), mais d'un goût fort agréable et qui fournissent, en somme, une excellente eau hygiénique.

Bien que Couzan soit pourvu d'un établissement de création toute récente, c'est principalement au point de vue de l'exportation que la compagnie propriétaire semble vouloir exploiter ces sources. Sous une petite dose, les eaux contiennent une longue série de bicarbonates alcalins, des carbonates de fer 0,008, des traces de manganèse et de lithine, et plus d'un quart de leur volume d'acide carbonique libre.

Elles rendent des services dans la dyspepsie atonique, les engorgements légers du foie, des viscères abdominaux, la gravelle, la chlorose et l'anémie. En les employant *intus et extrà*, M. le docteur E. Goin les applique, non sans succès, depuis quelques années, au traitement des affections utérines par congestion atonique.

Saint-Alban (Loire) est une source de même nature et de minéralisation un peu plus élevée et, peut-être, plus effective que celle qui précède.

Comme elle, elle se livre à un mouvement très-considérable d'exportation.

L'eau minérale de Saint-Alban est une bicarbonatée ferrugineuse, d'une température de 17°. Son total de minéralisation est de 4 ^{gr}, 383, mais il faut noter que l'acide carbonique libre y figure à lui seul pour près de 2 grammes. Le reste est principalement représenté par des bicarbonates de chaux, de soude et de magnésie, 0,023 de fer, des traces d'iodure de sodium et d'arséniate de soude. M. Lefort n'y a trouvé aucun indice de sulfates.

Comme celles de Couzan, les eaux de Saint-Alban sont apéritives et diurétiques et reçoivent la double destination de l'usage interne et de l'usage externe. Les applications médicales sont à peu près les mêmes : dyspepsie atonique, gastralgie douloureuse, calculs néphrétiques, engorgements du foie et des viscères abdominaux, quelques dermatoses nées sous l'influence d'un état gastrique, etc.

Renaison, avec les deux sources précédentes, représente fort bien ce groupe d'eaux digestives et hygiéniques dont le centre de la France est si richement pourvu ; avec de telles ressources il n'y a vraiment que la fantaisie qui puisse nous pousser à demander encore, sous ce rapport, le secours de l'étranger.

L'eau de Renaison, froide à l'émergence, faiblement minéralisée (1^{gr},541), assez riche en acide carbonique (0^{lit},560), présente la plus grande analogie avec celle de Saint-Galmier et n'est pas moins digne de figurer au nombre des meilleures eaux de table.

Évian (Savoie) possède deux sources bicarbonatées mixtes froides, temp. 12° centigrades, les sources *Cachat* et *Bonne-Vie*. Elles sont si faibles de minéralisation qu'on est en droit de les dire chimiquement indifférentes. L'analyse donne pour la première un total de 0^{gr},155, à peu près uniquement formé par des bicarbonates, et la seconde le chiffre un peu plus élevé de 0^{gr},361. Il faut y joindre 2 miligrammes cubes d'acide carbonique libre.

Les propriétés organoleptiques de cette eau ne contredisent pas le résultat de l'analyse chimique : transparence et limpidité parfaites, ni goût ni odeur, aucune sensation particulière. Malgré cela, et peut-être à cause de cela, le cadre de l'action thérapeutique des eaux d'Évian se trouve très-étendu. On les emploie en boisson et en bains, mais principalement en boisson, enfin en douches variées.

Comment agit l'eau d'Évian ? La question est malaisée à résoudre. Ce qui paraît prédominer dans son action, c'est une influence sédative. On utilise celle-ci contre les névroses et l'état nerveux, et on applique principalement ces eaux dans le traitement des affections chroniques de l'appareil digestif et des voies urinaires.

Forges-sur-Briis (Seine-et-Oise) nous fournit un autre exemple de ces minéralisations insignifiantes aboutissant pourtant à des résultats positifs.

Trois sources froides de 0,300 à 0,400 de minéralisation formée d'un peu de carbonate de soude et de magnésie ($0^{gr},120$), d'une proportion encore moindre de sulfates et de chlorures de sodium et de magnésium, ont donné, sur les enfants de l'Assistance publique de Paris, et au témoignage de MM. Gillette et Lée, des résultats satisfaisants. Il est juste d'ajouter que ces petits malheureux y ont été soumis à une influence hydrothérapique quotidienne, pendant plusieurs mois, et dans des conditions meilleures que celles qu'ils avaient eues à la ville. Mais enfin le médecin doit faire arme de tout et cet exemple n'est pas sans signification.

En regard des bicarbonatées mixtes françaises que nous venons d'examiner, plaçons quelques-unes des eaux sanitaires de l'Allemagne. On a vu que, pour les sources de notre pays, la minéralisation est toujours faible, souvent insignifiante, et que celles d'entre elles qui atteignent à une action thérapeutique assez caractérisée le doivent à leur haute thermalité et aux modes d'administration usités.

Pour les sources allemandes, la minéralisation, d'une façon générale, est plus faible encore, la thermalité beaucoup moins élevée. Il est vrai que plusieurs d'entre elles contiennent des quantités minimes d'hydrogène sulfuré. Mais cette considération, qui peut être précieuse pour l'Allemagne, à qui les eaux franchement sulfurées font défaut, ne saurait avoir d'intérêt pour la France, qui est extrêmement riche sous ce rapport. Il faudrait, pour qu'il en fût autrement, que la présence de quelques atomes d'hydrogène sulfuré joints à une faible proportion de bicarbonates donnât à ces eaux des propriétés spéciales sous le rapport thérapeutique, et c'est ce qui n'a pas lieu.

Bruckenau (Bavière, basse Franconie) est une des stations bicarbonatées mixtes les plus fréquentées de l'Allemagne. A côté de ses deux sources bicarbonatées froides, temp. 9° et 10°, elle présente une source ferrugineuse-bicarbonatée d'une extrême richesse en acide carbonique. Peut-être même, comme on va le voir par les indications thérapeutiques de cette station, conviendrait-il d'accorder la majeure importance à cette dernière source et de faire de Brückenau une station ferrugineuse (1).

(1) Voyez à la division des eaux ferrugineuses.

En effet, c'est surtout à titre de fortifiant et de reconstituant qu'on a recours au traitement thermal de cette station; il n'a même guère d'autre indication plus spéciale. L'examen de l'analyse chimique des sources établira mieux encore ce fait. L'une d'elles, qui est la plus minéralisée, la *Stahlquelle*, donne un total de minéralisation de $0^{gr},327$: carbonate de chaux $0^{gr},073$, — de magnésie 0,019, — de protoxyde de fer 0,031 ; des sulfates, des chlorures en quantité absolument insignifiante, de l'acide carbonique 1,296 cent. cube. La seconde source est encore moins minéralisée ; elle n'a que $0^{gr},130$. En revanche, elle offre une richesse gazeuse un peu plus élevée.

Sans doute, ce qui a beaucoup contribué à la vogue de Brückenau, c'est sa proximité de Kissingen. Les malades vont de l'une à l'autre de ces stations pour compléter leur cure.

KRANKENHEIL (haute Bavière) possède quatre sources bicarbonatées mixtes d'une température de 9° centigrades. Elles sont toutes extrêmement peu minéralisées ; la plus riche ne donne que $0^{gr},695$ par litre. Des bicarbonates à bases fort nombreuses y figurent en quantité vraiment sans importance ; les principes dominants, si l'on peut appliquer un si gros mot à d'aussi petites proportions, sont le sulfate de potasse $0^{gr},105$ et le chlorure de sodium 0,190. Fresenius y a, en outre, dosé l'iodure de sodium (0,001), marqué la présence de traces d'iodure du même métal et calculé la proportion d'acide sulfhydrique (0,0009), qui ne s'y rencontre qu'accidentellement.

Eaux très faibles et froides, elles sont pourtant employées dans certaines formes de la scrofule, surtout dans les scrofulides cutanées. On a fait valoir en ceci leur qualité iodurée. Leur véritable action paraît être beaucoup plutôt la sédation, et leur indication principale, l'état nerveux.

Les six sources de LANDECK (Silésie), à défaut d'une minéralisation significative (total $0^{gr},134$), ont du moins une thermalité moyenne (temp. de 18° à 29°). La composition de ces diverses sources paraît être à peu près identique. Ici encore Fischer a reconnu la présence de l'hydrogène sulfuré, mais il a dû se borner à en noter la trace.

Avec quelques carbonates et sulfates, en quantité infinitésimale, ces eaux contiennent un peu de fer et de manganèse (0,0011), 10 cent. cubes d'acide carbonique libre et 24 d'azote, par litre.

Ces eaux sont employées à l'intérieur et à l'extérieur; leurs gaz servent à des inhalations. Ces dernières sont surtout usitées dans les affections catarrhales des voies respiratoires. Par l'usage externe, on entreprend le traitement du rhumatisme goutteux, celui des paralysies et on le dirige aussi contre les affections utérines.

REINERZ (Silésie) tire peut-être, au témoignage de Seegen, autant de conditions avantageuses de son climat montagneux (altitude 560 mètres), que de la minéralisation de ses eaux, pour le soulagement des malades débiles et anémiques qui y viennent se soigner d'affections catarrhales des bronches.

Des sources nombreuses qui coulent dans cette station, la plus importante, qui est en même temps la plus ferrugineuse, la plus minéralisée et la plus chaude (17°), (la température des autres sources reste entre 9° et 17°), n'a que $1^{gr},660$ de minéralisation.

Voici, d'après Duflos, les éléments les plus saillants de son analyse : carbonate de chaux $0^{gr},754$, — de magnésie 0,214, — de soude 0,511, — de fer 0,033 ; chlorure de sodium 0,014; gaz acide carbonique 1080 cent. cubes.

Le fond de la pratique de Reinerz est donc le traitement de l'anémie, de la chlorose et du nervosisme ; celui du catarrhe bronchique, chez les sujets très-anémiés, se fait autant par l'influence du climat et par le remontement général, au moyen des martiaux, que par l'action propre des inhalations.

LANGENBRUCKEN (grand-duché de Bade) répond à des indications à peu près identiques. L'eau des diverses sources est froide (temp. 12 à 14°), moins minéralisée que la précédente, beaucoup moins riche aussi en fer (0^{gr},009 seulement), mais en revanche elle a la prétention d'être sulfhydriquée (0,006); elle l'est pourtant plus que Krankenheil.

Les sources de Roisdorf (Prusse) sont plutôt destinées à l'exportation qu'à l'exploitation balnéaire. Froides (temp. 8° 5), gazeuses (acide carbon. libre 0^{lit},588), ces eaux ont une minéralisation totale de 3^{gr},408, dans laquelle le chlorure de sodium figure pour plus d'un tiers (1^{gr},066). Les carbonates y sont en petite quantité : carbonate de soude 0,885, — de chaux 0,081, — de magnésie 0,702; la présence du fer n'est pas signalée.

Ces eaux sont agréables au goût, digestives et toniques; elles sont employées dans les troubles de la digestion; le titre d'eau hygiénique de table répondrait peut-être mieux à l'usage très-répandu qu'on en fait.

VI

EAUX SULFATÉES.

En ne tenant compte que du nombre, on peut dire que la prééminence appartient à l'Allemagne, en fait d'eaux sulfatées ; elle en compte, en effet, 44 sources et la France 28 seulement.

Sous le rapport de l'intérêt médical, on peut ajouter que les sources sulfatées-sodiques de Carlsbad (Bohême), de Boll, d'Elster (Allemagne du Nord), de Gastein, de Marienbad, de Franzensbad (Autriche) et les sulfatées-magnésiques de Püllna, de Saidschutz, de Sedlitz (Autriche), forment une des plus précieuses richesses des régions trans-rhénanes.

Pour ces deux mêmes classes, la France est moins bien partagée, et notre remarquable station de Plombières, quoique rangée parmi les sulfatées-sodiques, de par l'analyse chimique, ne tire pourtant que fort peu ses propriétés du sulfate de soude. Mais, ainsi qu'on le verra bientôt, bon nombre de sources de ces deux premiers groupes ne répondent qu'à une destination assez spéciale.

Au contraire, la classe des sulfatées-calciques est celle qui se trouve être le mieux représentée chez nous (France, 17 sources; Allemagne, 13), et c'est aussi celle qui a le plus d'importance au point de vue de la thérapeutique pour notre pays.

Comme les eaux des autres groupes, les sulfatées ont été divisées en sous-classes d'après la prédominance de leurs bases. On a ainsi formé quatre divisions :

1° *Sulfatées-sodiques*. — Elles sont assez peu nombreuses chez nous (France, 5 sources; Allemagne, 20) et modérément intéressantes, à l'exception de Plombières, — nous venons de nous expliquer sur la nature de ces eaux, — et de Miers, qui présente les qualités laxatives habituelles aux eaux sulfatées-sodiques, toutes les fois qu'il y a une certaine abondance de sels.

2° *Sulfatées-calciques*. — Ce groupe, qui est plus intéressant sous le rapport médical, est très-bien représenté chez nous (France, 17 sources; Allemagne, 12) : Aulus, Capvern, Cransac, Encausse, Contrexéville, Vittel, Martigny en font partie. A l'encontre des autres classes, le degré de minéralisation de ces eaux paraît être d'autant plus élevé que leur température est plus basse. Elles reçoivent les deux usages, externe et interne.

Lorsqu'elles sont peu minéralisées, le principal

effet de leur emploi externe paraît être la sédation ;
on les utilise alors dans les diverses affections qui
se compliquent d'état nerveux : maladies des femmes, névralgies, névroses, catarrhes urinaires, dyspepsie, gastralgie, etc. Chaudes et mises en œuvre
par les procédés hydrothérapiques, elles rendent de
grands services dans le rhumatisme nerveux. Enfin,
beaucoup d'eaux de ce groupe présentent des qualités ferrugineuses, ce qui est une considération
à noter pour leur usage interne.

Leur action sur l'appareil excréteur de l'urine
a été mise hors de doute. MM. Pétrequin et Socquet l'expliquent par une double influence : augmentation de la sécrétion urinaire, modification
imprimée à la surface vésicale. Il y a là toute une
série d'indications très-spéciales que nous trou-
verons mises à profit auprès de quelques-unes d'entre elles, comme à Contrexéville et à Vittel.

Quelques autres sources de la même classe font
plutôt sentir leur action sur les voies respiratoires,
mais ces eaux sont peu nombreuses et on ne cite
guère que Brides (Savoie) et Weissembourg (Suisse),
encore la source de Brides est-elle plus habituelle=
ment rangée parmi les sulfatées mixtes.

3° *Sulfatées mixtes.* — Elles sont formées principa=
lement par les sulfates de soude et de chaux. Il y a

entre l'action de ces eaux et celle des eaux de la classe qui précède une très-grande analogie. Les sulfatées mixtes sont, d'ailleurs, très-peu nombreuses dans les deux pays (France, 2 sources; Allemagne, 5).

4° *Sulfatées-magnésiques*.—Elles ne tiennent qu'une faible place dans la thérapeutique normale. Lorsque leur minéralisation est un peu élevée, elles sont recherchées pour leurs effets laxatifs; c'est ce qui a lieu en France, par exemple, pour l'eau de Montmirail, et, en Bohême, pour les eaux sulfatées-magnésiques de Sedlitz ou sulfatées mixtes de Püllna, Saidschutz et de Friedrichshall (Saxe-Meiningen) (4 sources françaises, 6 allemandes).

Une dernière remarque reste à signaler au sujet de la constitution chimique des eaux sulfatées; elle concerne les gaz contenus. Il est commun de trouver dans ces eaux de l'acide caabonique; il n'est pas rare non plus d'y voir des traces plus ou moins abondantes d'hydrogène sulfuré. Celui-ci y est toujours de formation secondaire; il prend naissance par la décomposition des sulfates des eaux au contact des matières organiques.

1° EAUX SULFATÉES-SODIQUES.

SOURCES FRANÇAISES.	SOURCES ALLEMANDES.
Évaux.	Boll.
Plombières.	Elster.
Vrécourt.	Sebastianweiler.
Vicoigne.	Karlsbad.
Miers.	Franzensbad.
	Marienbad.
	Wildbad-Gastein.

Les cinq sources sulfatées-sodiques que possède la France sont celles d'Évaux (Creuse), de Plombières (Vosges), de Vrécourt (Vosges), de Vicoigne (Nord), et de Miers (Lot). Nous ne nous arrêterons ici qu'aux deux premières et à la dernière de cette énumération.

La station d'**Évaux** (Creuse) possède huit sources, toutes thermales, de 26° à 55°, faiblement minéralisées, puisque la plus riche n'atteint pas à 2 grammes, abandonnant toutes une odeur assez fugace d'hydrogène sulfuré, à l'exception de l'une d'elles, la source du Petit-Cornet, dans l'eau de laquelle le sulfhydrate de sulfure de sodium a pu être dosé (0,00789).

Ces eaux sont principalement minéralisées par

du sulfate de soude, du chlorure de sodium en petite quantité, du bisilicate de soude (0,190), des bicarbonates alcalins et un peu de bicarbonate de fer à doses plus faibles encore, des traces de silicate de lithine, de la silice dans une troisième combinaison, peut-être unie à l'alumine, enfin des traces d'iodure et de bromure alcalins, en tout de 1^{gr}, 353, à 1^{gr}, 953 de sels, pour les diverses sources. Ce qu'il y a de plus remarquable dans la constitution de ces eaux, ce sont les combinaisons relativement nombreuses auxquelles la silice prend part ; aussi a-t-on proposé de les qualifier du nom d'eaux silicatées.

Une autre remarque peut porter sur les gaz qui se dégagent spontanément des eaux ; ils se composent, pour 100 parties : d'un peu d'acide carbonique (3,5), d'azote en abondance (86,6), et d'oxygène (9,9).

Les principales indications des eaux d'Évaux, basées à la fois sur leur constitution et surtout sur leur thermalité, sont le rhumatisme chronique musculaire ou articulaire. On y traite encore les paralysies, la scrofule, les engorgements des viscères abdominaux, les névroses, mais leurs indications sont beaucoup moins spéciales dans ces cas.

Plombières (Vosges) est une des plus antiques stations de notre sol ; les restes de constructions romaines y abondent ; leur vogue ne paraît même pas avoir subi complétement un temps d'arrêt durant le moyen âge, époque où les eaux minérales furent si peu en honneur. Est-il utile d'ajouter que Plombières est aujourd'hui une de nos stations les plus fréquentées.

Plombières possède des sources en nombre très-considérable, et M. l'ingénieur Jutier n'estime pas leur débit total à moins de 418 litres par minute. Elles alimentent six établissements entre lesquels se trouvent répartis un nombre énorme de baignoires, de piscines, de douches de tout genre, d'étuves, de bains de vapeur locaux ou généraux ; nulle part, enfin, l'hydrothérapie thermale ne se montre si puissamment armée, ni si abondamment répandue.

Sous le rapport chimique, nous avons déjà fait entrevoir quelles réserves il fallait établir au sujet de ces eaux. On les range parmi les sulfatées-sodiques, bien que le sulfate de soude n'y ait guère la prédominance. D'autres auteurs seraient beaucoup plus disposés à les dire silicatées, à bases de soude, de potasse, de magnésie et de chaux. Le précédent inspecteur, le savant docteur Lhéritier, voulait qu'on insistât de préférence, et presque exclusivement, sur leurs qualités arsenicales.

Mais il faut remarquer que, de ces nombreuses sources, 16 sont fortement thermales de 26° à 71°, et cette thermalité élevée peut déjà être tenue pour une caractéristique. Toutes ces sources thermales sont assez semblables entre elles. Leur minéralisation est très-faible, de 0 ^{gr}, 0980 (*Bain impérial*) à 0,311 (source *Sainte-Catherine*).

La source renommée du *Crucifix* donne par litre 0 ^{gr}, 283. L'acide silicique y joue un grand rôle : silice 0^{gr}, 020 ; silicate de soude 0,051, — de potasse 0,008, — de chaux et de magnésie 0,045 ; lithine silicatée, traces sensibles. Des chlorures et des sulfates, à très-petites doses, il y a peu à s'occuper (sulfate de soude 0,081); arséniate de soude, 0,0006; sesquioxyde de fer, iodure, traces ; fluorures traces.

Outre les sources thermales, il existe deux groupes de sources froides : les unes savonneuses, leur matière savonneuse paraît consister principalement en silicate d'alumine ; les autres ferrugineuses crénatées, carbonatées et arsenicales. La proportion de sesquioxyde de fer a été calculée être de 0,0132.

Nous avons dit que M. Lhéritier avait énergiquement insisté sur la propriété arsenicale de ces eaux ; il est allé plus loin et a tracé un parallèle entre la médication thermale, telle qu'elle lui est apparue, dans ses effets à Plombières, et la médication arsenicale, telle qu'on l'obtient par les moyens ordinaires de la pharmacie. Bien que trop ingénieux peut-être, ces rapprochements ne laissent pas que de frapper.

La partie principale du traitement consiste, à Plombières, dans les moyens externes. Les sources des *Dames* et du *Crucifix*, ainsi que les sources ferrugineuses, servent seules à la boisson. Enfin, nous le répétons, le précieux ensemble de moyens hydro-thérapiques qui se trouvent réunis auprès de ces eaux, et aussi leur thermalité élevée jouent un rôle considérable dans le traitement externe.

En tête des indications de Plombières, il faut inscrire le rhumatisne sous toutes ses formes, musculaire, névralgique, viscérale ; qu'il soit encore très-voisin de l'état aigu — et on le soumettra alors aux bains tempérés et courts,—ou, au contraire, tout à fait passé à l'état chronique. Les seuls cas où les eaux de Plombières rendent peu de services sont ceux dans lesquels le rhumatisme s'accompagne d'engorgement des tissus.

A côté des rhumatismes, il faut placer les paralysies et, au premier plan, les paralysies rhumatismales. Les résultats, quoique d'ordinaire favorables, seront toujours beaucoup moins prononcés lorsque la paralysie se rattache à une altération de la moelle ou de ses enveloppes. Les hémiplégies sont également traitées à Plombières, mais sans qu'on y atteigne toujours aux résultats obtenus par les chlorurées-sodiques.

Un autre groupe de maladies pour lesquelles on vient en très-grand nombre à Plombières est représenté par les troubles de l'appareil digestif. L'indication véritable est la forme douloureuse : gastralgie, entéralgie, gastro-entéralgie, entérite chronique douloureuse, surtout chez les sujets névropathiques et les rhumatisants. Dans toutes ces formes d'affections dyspeptiques, ce qui doit faire décider du choix en faveur des eaux de Plombières, c'est la prédominance bien accusée du phénomène *douleur*. Dans les formes atonique, catarrhale, acide, etc., d'autres sources, que nous avons signalées, conviendraient certainement mieux.

Biett, et après lui M. Lhéritier, ont vanté les eaux de Plombières dans le traitement du psoriasis *diffusa* ou *guttata*, de la lèpre vulgaire, dans certaines formes d'eczéma et, de préférence, dans les dermatoses sèches. Enfin, M. Lhéritier, poursuivant avec succès son parallèle, a appliqué avec avantage les eaux de

Plombières au traitement des fièvres intermittentes et surtout de la cachexie paludéenne.

Vrécourt (Vosges) et **Vicoigne** (Nord) sont des sulfatées-sodiques dépourvues de thermalité.

La première est en outre très-peu minéralisée ($0^{gr},934$) et d'un médiocre intérêt au point de vue médical. Du reste, son étude, sous ce rapport, est loin d'être complète.

Quant à la source de Vicoigne, bien qu'elle contienne $3^{gr},500$ de sels, formés presque à parties égales de sulfate de soude et de chlorure de sodium, elle est laissée dans un tel abandon qu'on ne saurait dire qu'elle soit appropriée au traitement des malades.

Miers (Lot), la dernière source dont il nous reste à parler, est surtout une eau laxative. Il existe un établissement qui a plus particulièrement vu venir à lui jusqu'ici une clientèle régionale. Mais l'exportation des eaux se fait en assez grande quantité, elle gagne chaque année et ne peut qu'augmenter.

L'eau minérale sulfatée sodique froide, contenant un excès d'acide carbonique libre, abandonne $8^{gr},530$ de sels par litre. Ceux-ci consistent principalement en sulfate de soude $2^{gr},675$, — de chaux $0,945$, chlorures de magnesium et de sodium, des carbonates alcalins et 5 milligrammes d'oxyde de fer.

12.

Son action laxative est très-douce, et trouve surtout son emploi dans les engorgements abdominaux, les hémorrhoïdes, la constipation, la métrite chronique, etc...

Des sources sulfatées-sodiques de l'Allemagne, ce sont surtout celles qui appartiennent à l'Autriche et principalement à la Bohême, Karlsbad, Franzensbad, Marienbad, Gastein (Salzbourg), qui ont atteint à la plus grande réputation. La confédération du Nord, bien qu'elle ne soit pas dépourvue sous ce rapport, ne possède que des sources moins connues : Boll (Wurtemberg), Elster (Saxe), Reitenau (Wurtemberg), Sebastianweiler sont de ce nombre.

Boll exploite une source froide (temp. $10°,5$ à $12°$) sulfatée-sodique, d'une minéralisation très-faible (total 0^{gr}, 630). Une situation dans un climat doux et en un point bien abrité, la présence d'une légère proportion d'acide sulfhydrique (0,003) dans l'eau minérale, telles sont les deux considérations qui militent le plus en faveur de cette station où l'on traite de préférence les affections du larynx et des bronches, en employant l'eau en bains, en boisson et en inhalations.

Elster possède des sources nombreuses d'une minéralisation beaucoup plus effective. Elles sont également froides (temp. 10° à 13° centigr.), et contiennent toutes, outre du sulfate de soude (2^{gr}, 407 *Trinquelle*) et du chlorure de sodium (1^{gr},525), une proportion assez élevée de carbonate de fer (0^{gr}, 035).

On peut fixer à 4^{gr}, 50 la proportion moyenne de leur minéralisation; pourtant la *Salzquelle* contient 7^{gr},263 de principes minéralisateurs dans lesquels le sulfate de soude figure à lui seul pour 5^{gr},188. L'acide carbonique est assez abondant dans ces eaux.

Les affections que l'on traite à Elster sont la pléthore abdominale et les dyspepsies, les paralysies rhumatismales et les maladies articulaires. Leurs propriétés martiales sont efficacement mises en œuvre dans les affections nerveuses, dépendant de l'aglobulie du sang.

A Sebastianweiler sont, comme à Boll, des sources à la fois sulfatées et sulfhydriquées; mais, sous ces deux rapports, elles sont plus riches. Le total de leur minéralisation est de 1^{gr},344, dont 0^{gr},734 de sulfates de soude et de magnésie et 7 milligr. de carbonate de fer. L'hydrogène sulfuré y a été évalué à 233^{cc}, l'azote et l'hydrogène carboné à 165^{cc}. (Sigwart). Ces eaux sont à peu près froides (température 17° cent.); elles sont tenues pour laxatives et diurétiques.

En somme, on ne rencontre auprès des diverses sources que nous venons de passer en revue, aucune indication bien formelle, ni aucune minéralisation très-caractéristique. Il n'en est plus de même auprès de plusieurs des sources du territoire autrichien qu'il reste à examiner. Mais ici nous aurons à voir si on ne peut pas tout aussi sûrement atteindre aux mêmes indications au moyen des sources similaires françaises, ou même par des sources d'une autre classe qui n'ont pas d'analogue en Allemagne.

KARLSBAD (Bohême) porte, de l'autre côté du Rhin, le titre de Roi des eaux, dénomination qui suffit à indiquer l'importance qui s'attache à ces sources. Cette importance, Karlsbad la doit à l'abondance de ses eaux très-riches en acide carbonique et à leur thermalité élevée autant qu'à leur minéralisation. Cette station représente le Vichy de l'Allemagne.

On suppose, d'après l'examen de leur composition, que toutes les sources ont une origine commune, et on explique les différences de leur thermalité (de 30°,5 à 73°) par les conditions physiques de leur parcours souterrain. La plus importante d'entre elles, le *Sprudel*, vient jaillir avec bruit sous forme d'une énorme colonne d'eau thermale (73°) par des secousses intermittentes, qui sont dues, sans doute, au dégagement des gaz. L'acide carbonique libre y figure, en effet, sous le volume de 210^{cc}, par litre. Ces eaux, assez fortement incrustantes, abandonnent à l'analyse un total de 5^{gr},299 d'éléments minéralisateurs.

Voici l'indication des principes les plus importants de leur composition chimique : sulfate de soude 2^{gr},154, — de potasse, 0,053; chlorure de sodium 1^{gr}, 256; carbonate de soude 1^{gr}, 304, — de fer 0,004.

Après avoir été longtemps employées à peu près exclusivement en bains et en douches, ces eaux servent surtout aujourd'hui à l'usage interne. Aussi l'installation balnéaire de Karlsbad ne répond-elle pas complétement à ce qu'on pourrait s'attendre à rencontrer auprès d'eaux aussi renommées.

Prises à l'intérieur, ces eaux produisent une légère purgation, suivie de selles liquides et sans colique ; augmentation marquée des fonctions urinaires et cutanées ; comme résultat ultérieur du traitement, action altérante se faisant sentir sur les phénomènes de nutrition et d'assimilation. C'est à l'association de sulfates basiques, de chlorures et de bicarbonates que le professeur Seegen rapportait l'action exercée sur l'appareil digestif. Enfin, on est dans l'habitude d'augmenter et d'assurer l'effet purgatif des eaux par l'addition du *sel de Karlsbad*, qui n'est autre chose que du sulfate de soude à peu près pur que l'on obtient par évaporation de l'eau du Sprudel.

Les médecins allemands ont trouvé aux eaux de Karlsbad des indications à peu près identiques à celles auxquelles répondent nos sources de Vichy : hypérémie chronique du foie, affections calculeuses du même organe, goutte, gravelle urique et phosphatique, arthritis, diabète sucré. Mais en tête des affections qui sont traitées en plus grand nombre à Karlsbad, il faut placer ces troubles de la circulation de la veine porte auxquels les Allemands attachent une si grande importance, sous le nom de pléthore abdominale. Parallèlement il convient d'inscrire certaines formes de dyspepsies, la forme catarrhale avant toutes les autres, puis la diarrhée chronique et les pneumatoses intestinales.

En somme, « il reste bien acquis, écrit M. Durand-Fardel, que si, en beaucoup de circonstances, l'emploi de ces sources offre une importance égale, le cercle d'action des eaux de Vichy est beaucoup plus étendu que celui des thermes de Karlsbad (1). »

Les sources de Franzensbad (Bohême) sont toutes sulfatées-sodiques-ferrugineuses froides (temp. de 8°, 5 à 10). La plus minéralisée de toutes, le *Fran-*

_____

(1) *Dict. gén. des Eaux minérales*, art. *Karlsbad*, t. II, p 211.

zensquelle, a un total de 5^{gr},020 de sels : sulfate de soude 2,850, chlor. de sodium 0,930, des carbonates en grand nombre, mais à très-faibles doses, à part celui de fer (0,070), de l'acide carbonique libre 1102^{cc}, par litre. D'autres sources, le *Wiesenquelle*, par exemple, présentent aussi le fer à l'état de crénate (0,005), et laissent dégager une légère odeur d'hydrogène sulfuré.

Les eaux de Franzensbad sont employées en bains, en douches, mais surtout en boisson; l'acide carbonique pourvoit à un service assez suivi d'inhalations. Les boues minérales sont fort usitées en applications externes, ayant pour effet de produire une certaine stimulation de la peau et peut-être une révulsion, dans les rhumatismes, certaines névralgies rebelles ou des paralysies rhumatismales.

A l'intérieur, l'eau est laxative, mais à dose plus modérée, elle est surtout stimulante de la digestion et tonique par son acide carbonique. Ce sont moins les sulfates que les sels de fer qu'il convient de considérer, pour les applications à la thérapeutique.

MARIENBAD (Bohême) possède des sources froides (de 7° à 10°) très-nombreuses, présentant entre elles des différences considérables dans leur degré de minéralisation, de 29^{gr},710 (source d'Ambroise) à 12^{gr},843 (source de Ferdinand).

La plus appréciée de ces sources, le *Kreuzbrunnen*, contient : sulfate de soude 4^{gr},756, chlorure de sodium 1^{gr},453, carbonate de soude 1^{gr},154, — de fer 0^{gr},045, de l'acide carbonique libre ou combiné avec les bases 1^{gr},830, en tout 10^{gr},483 par litre. Des autres sources, les unes sont moins minérales et plus gazeuzes (*source Marie*), une autre est plus ferrugineuse (*source de Ferdinand*).

Les eaux de Marienbad, peu employées en bains, servent surtout en boisson, en douches et en inhalations gazeuses. Elles sont laxatives et altérantes. On les utilise en qualité de succédanées de Karlsbad, pour les affections des voies digestives; leur principale indication est chez les sujets lymphatiques et dans les formes muqueuse et pituiteuse de la dyspepsie. Kryesig a défini leur action, une médication altérante à laquelle contribuent les effets évacuants et toniques des eaux. A Marienbad, on fait aussi grand usage des bains.

WILDBAD-GASTEIN (duché de Salzbourg). Cette station possède huit sources fort semblables, à peine minéralisées (total 0^{gr},369) et fortement thermales, températures de 31° à 71°,5. Le sel le plus prédominant est le sulfate de soude 0^{gr},201 ; les autres sels ne s'y comptent plus que par centigrammes et par milligrammes, et aucun d'eux ne possède une énergie d'action qui puisse servir à faire comprendre l'efficacité du traitement.

Tandis que les sources qui précèdent avaient pour destination principale l'usage interne, Gastein ne sert guère qu'en bains. Grâce à la haute thermalité des eaux, on y fait de l'hydrothérapie chaude. Le principal effet de ce traitement est la sédation, et son indication dominante les troubles de l'innervation, l'état nerveux. On y soigne aussi des rhumatisants, des hémiplégiques et des paraplégiques. Mais, dans ce cas encore, il faut sans doute invoquer avant tout l'action du calorique et des moyens hydrothérapiques. On pourrait même tenir cette eau pour simplement thermale, n'étaient, d'abord, la première impression fort désagréable que l'on éprouve au moment de l'immersion, puis l'embarras de la respiration et la plénitude du pouls qui viennent après. N'est-ce là qu'un simple effet de thermalité, ou y aurait-il quelque chose d'analogue à l'action galvanique? Les auteurs qui ont si fort insisté sur ce point, ont omis de s'appliquer à en rechercher les causes. On ne redoute pas un peu de merveilleux dans la positive Allemagne.

Quoi qu'il en soit, des indications remplies par les dernières sources d'outre-Rhin que nous venons d'examiner, il n'en est aucune qui ne puisse être atteinte à l'aide de nos eaux françaises. Vichy atteint plus loin et plus sûrement que Karlsbad. Pour les affections du larynx et des bronches nous avons, dans les sulfureuses françaises ou aux sources du Mont-Dore, des ressources autrement importantes que celles que peut fournir la station de Boll. Franzensbad est surtout une eau ferrugineuse. Marienbad répond principalement au traitement des affections chroniques chez les scrofuleux et les lymphatiques, de la même façon que bon nombre de nos sources chlorurées-sodiques. Enfin, ce ne sera sans doute pas faire supporter un parallèle trop défavorable à Gastein que de le rapprocher, sous le rapport de action médicale, de nos sources de Plombières.

2° EAUX SULFATÉES-CALCIQUES.

<table>
<tr><td>SOURCES FRANÇAISES.</td><td>SOURCES ALLEMANDES</td></tr>
<tr><td>Audinac.</td><td>Berka.</td></tr>
<tr><td>Aulus.</td><td>Eilsen.</td></tr>
<tr><td>Bagnères-de-Bigorre.</td><td>Eppenhausen.</td></tr>
<tr><td>Encausse.</td><td>Sklo.</td></tr>
<tr><td>Cransac.</td><td>Vöslau.</td></tr>
<tr><td>Contrexéville.</td><td>Goschwitz.</td></tr>
<tr><td>Vittel.</td><td>Baden (Autriche).</td></tr>
<tr><td>Martigny.</td><td></td></tr>
</table>

SOURCES SIMILAIRES DE LA SUISSE.

Bex, Loèche, Baden (Argovie).

Dans cette classe des sulfatés-calciques, nous allons retrouver un certain nombre de sources au sujet de l'action desquelles il ne serait pas hors de propos de poursuivre le parallèle avec plusieurs des sources allemandes de la sous-classe qui précède. Le lecteur pourra aisément établir cette comparaison.

Nous avons déjà eu l'occasion de faire remarquer que, de toutes les sulfatées françaises, celles qui sont à base de chaux sont les plus importantes au point de vue de la thérapeutique. Nous répétons que, sous le rapport du nombre des sources et de leur valeur médicale, notre pays est beaucoup mieux doué que la région voisine. En ceci, la France partage cet avantage avec la Suisse.

Les eaux sulfatées calciques sont, en général, faiblement thermales, assez peu minéralisées, plus ou moins chargées d'acide carbonique. L'action de bon nombre d'entre elles se résume surtout en effets de sédation; quelques-unes sont laxatives. Pour un grand nombre, l'indication principale est l'état névropathique; quelques autres, comme Vittel et Contrexéville, paraissent avoir une spécialisation assez formelle sur l'élément catarrhal, surtout lorsque celui-ci est localisé dans l'appareil excréteur de l'urine.

Parmi les 17 stations sulfatées-calciques de la France, nous nous occuperons plus spécialement d'*Audinac*, d'*Aulus*, de *Bagnères-de-Bigorre*, d'*Encausse*, de *Cransac*, de *Contrexéville*, de *Vittel* et de *Marligny*; parmi les sulfatées mixtes, notre antique station de *Dax* (Landes) sera tout naturellement l'objet d'une mention spéciale.

Audinac (Ariége) possède deux sources qui, à en juger par l'examen de leur analyse chimique, sont loin d'être sans intérêt. Ce n'est pas que ces eaux froides soient fortement minéralisées (total, $1^{gr},983$), mais leur composition très-complexe présente réunies un certain nombre de substances fort précieuses.

Le sulfate de chaux ($1^{gr},117$) et celui de magnésie ($0^{gr},496$) s'y trouvent à côté de petiles quantités de chlorure et d'iodure de magnésium et de sulfure de calcium ; le fer y est abondant et figure sous deux états, d'abord comme oxyde ($0^{gr},003$) conjointement avec $0^{gr},008$ d'oxyde de manganèse, puis à l'état de crénate, mais en proportion moindre. Les gaz dissous sont l'azote, un peu d'oxygène ($1^{gr},50$) et 2 gr. d'acide carbonique.

L'eau d'Audinac est tenue pour diurétique et très-légèrement laxative. Les deux principales applications qu'elle reçoit sont contre les affections de l'appareil urinaire et les troubles fonctionnels de l'appareil digestif. La proportion de fer, qu'elles renferment, et la présence de l'iode sont deux considérations dont il faut tenir compte pour leur emploi.

Bagnères-de-Bigorre (Hautes-Pyrénées) est une des stations les plus importantes de France tant par le nombre, la variété et l'abondance de ses sources que par l'excellente installation balnéaire qu'on y rencontre. Il est peu de cités thermales où on ait découvert autant de restes des installations romaines ; c'est la ville d'eaux par excellence. Située au pied même des Pyrénées, la beauté du lieu et la douceur du climat en font une station de villégiature fort recherchée.

Les sources qui jaillissent à Bagnères ont été rattachées au groupe des sulfatées-calciques. Mais si un certain nombre d'entre elles appartienent bien sans conteste à cette classe, il en est d'autres qui présentent des nuances chimiques si tranchées que ce serait une grave omission que de négliger de les signaler. Il en résulte que cette station, avec ses sources si variées, dans leur nature, présente, sous le rapport thérapeutique, un défaut de caractéristique formelle; mais, par leur réunion, ces eaux concourent à former une médication assez complexe et qui répond à des indications, que l'on voit coexister le plus souvent chez les mêmes malades. C'est d'ailleurs ce qui ressortira mieux de l'examen de chacun des principaux groupes.

On peut répartir les diverses sources de Bagnères — M. Ganderax en a analysé 76 pour son compte — en trois groupes principaux; leur thermalité reste comprise entre 18° et 50°.

Le premier groupe comprend des sources sulfatées-calciques simples; en outre, du sulfate de chaux qui y prédomine (de $0^{gr},900$ à $1^{gr},900$), toutes présentent des sulfates de soude et de magnésie ou, du moins, l'un de ces deux derniers sels. Leur thermalité est moyenne (de 31 à 35°); leur action franchement sédative. Plusieurs d'entre elles, le *Foulon*, les sources du bain de *Salut*, n'ont qu'une minéralisation très-faible ; celle des autres reste comprise entre 2^{gr},750 et 1^{gr},600.

Le deuxième groupe comprend des sources qui, en même temps qu'elles sont sulfatées-calciques, jouissent de propriétés ferrugineuses. De ce nombre sont les sources de la *Reine* (46°,5), du *Dauphin* (48°,7), de *Cazaux* et de *Théas*. Les trois premières ont une action excitante qu'elles doivent à leur minéralisation plus forte et à leur thermalité élevée.

A côté de ces ferrugineuses sulfatées, il faut placer un groupe de trois sources ferrugineuses-bicarbonatées, sources d'*Augoulème*, de *Braunhaubaut* et de *Rousse*. Elles contiennent du crénate et du carbonate de fer.

Notons encore que les deux sources de la *Reine* et de *Lasserre*, principalement minéralisées par des sulfates de soude et de magnésie, jouissent de propriétés laxatives.

Enfin deux sources sulfurées-calciques (1), *Labassère* (13°,8) et *Pinac* (18°,7), forment le troisième et dernier groupe.

La première, qui contient 0^{gr},0464 de sulfure de sodium avec des traces d'iode, de cuivre, de manga-

____

(1) Voyez à la classe des eaux sulfurées.

nèse et de fer (Filhol et Poggiale), est utilisée en boisson; elle est devenue l'objet d'une exportation considérable.

. La seconde, moins riche en sulfure, mais plus fortement sulfatée, alimente plusieurs bains et deux buvettes.

D'après cet exposé de la nature des sources, on comprend combien peut être variée et complexe la médication à instituer par les eaux de Bagnères; on comprend également comment ces diverses sources peuvent se prêter un secours réciproque et concourir à une médication ultime, en répondant à des indications très-variées, qu'on atteindrait difficilement ailleurs. On saisira aussi la raison d'être des établissements de bains si nombreux que l'on rencontre dans cette station aux alentours de l'Établissement de la ville qui est lui-même un des plus riches et des plus complets de France.

Si ces eaux n'ont pas de spécialisation bien formelle, il faut convenir qu'elles se prêtent à une rare multiplicité d'applications et que peu de stations peuvent répondre à des indications aussi nombreuses. Il devient donc difficile de retracer exactement et complétement leur cadre d'action. L'éréthisme nerveux, l'état névropathique et l'atonie, voilà d'abord les trois grandes indications générales auxquelles répond

Bagnères. Par suite de la nature et de la douceur des eaux, on en a fait, non sans raison, la station spéciale des femmes, que les désordres viennent de la fonction cataméniale ou qu'ils siégent dans l'appareil utéro-vaginal. La chlorose, l'hypochondrie et les troubles douloureux d'origine nerveuse, la constipation, les pertes séminales chez l'homme, voilà encore des affections qu'il est commun de rencontrer à Baréges. Il en est de même des rhumatismes. Certaines maladies de la peau, et particulièrement l'acné, les affections atoniques de l'appareil intestinal, les hémorrhoïdes, chez la femme, y occupent aussi une place importante. Enfin M. Ganderax a longuement insisté, et peut-être avec trop de force, sur l'appropriation de plusieurs de ces sources aux maladies du foie.

Cransac (Aveyron) possède des sources froides sulfatées-calciques, dont deux, la *Haute* et *Basse-Richard,* sont surtout dignes d'intérêt. Ces eaux, qui viennent sourdre après lixiviation d'un terrain houiller, se recueillent dans des sortes de bassins naturels et ne présentent pas une composition identique dans toutes les saisons. Durant les sécheresses de l'été, elles sont même beaucoup plus concentrées.

La source Basse, principalement minéralisée par des sulfates de chaux (2^{gr},410), — de magnésie

(2^{gr},291), — d'alumine (2^{gr},079) des traces de fer, de manganèse, de sulfure d'arsenic et d'iodhydrate d'ammoniaque est surtout laxative. (Blondeau.)

La source Haute, au contraire, peu pourvue en sulfates, si ce n'est le sulfate d'alumine (2^{gr},325), mais plus riche en fer (0^{gr},015), en sulfure d'arsenic (0^{gr},009) et contenant une proportion assez élevée de manganèse (Blondeau), est avant tout tonique et reconstituante.

C'est à l'aide de ces deux actions, que l'on emploie seules ou combinées entre elles, que l'on institue la médication propre à Cransac. Il faut y joindre les effets des émanations sulfureuses qui se font spontanément, par des fissures du sol, aux environs des sources, et que l'on utilise en étuves sulfureuses naturelles dans des constructions *ad hoc*. Ces étuves donnnent des températures variant de 32° à 48°.

On emploie les eaux de la source Haute dans les gonorrhées persistantes, les diarrhées séreuses ou anémiques et les cachexies muqueuses (docteur Auzouy). Celles de la source Basse dans les obstructions intestinales, l'ictère, certaines dyspepsies et gastralgies chroniques, la constipation, les vers intestinaux et les névralgies. Elles paraissent joindre jusqu'à un certain point l'action altérante à l'action purgative. On vante beaucoup l'action combinée des deux sources pour le traitement des fièvres intermittentes rebelles.

Les étuves sulfureuses jouissent d'une grande activité. Celle-ci doit être tournée surtout contre les manifestations du rhumatisme et de la scrofule (scrofulides cutanées ou affections des os et des articulations).

Les trois sources d'**Encausse** (Haute-Garonne) sulfatées-calciques, à peine thermales (22°), ont une minéralisation moyenne ou même faible. Le poids total de leurs éléments minéralisateurs est de 3^{gr},074, et le sulfate de chaux y compte à lui seul pour 2^{gr},139. M. Filhol a noté encore dans leur composition des traces d'iode, d'oxyde de fer et d'arsenic. Malgré cela, l'action de ces eaux reste être celle des sulfatées, elles sont avant tout sédatives. L'état névropathique, la congestion et l'inflammation chronique de l'utérus, surtout lorsque celles-ci s'accompagnent d'un état nerveux prononcé, les troubles hystériques sont soumis à cette médication avec avantage. M. Comparan se loue beaucoup de leur influence dans le traitement des fièvres intermittentes. Mais une indication qui semble plus formelle consiste dans leur application au traitement de troubles fonctionnels variés des organes abdominaux. Nous aurons à revenir sur cette dernière application.

en parlant de la source qui suit, pour reproduire l'o-
pinion, au sujet de ces deux sources, d'un médecin
hydrologiste fort distingué. M. le docteur Garrigou
s'est, en effet, donné le devoir, très-complétement
rempli, d'étudier à fond toutes nos sources du midi
de la France, sous le double rapport de leur constitution chimique et de leur action thérapeutique.
Nous ne saurions puiser à une source plus sûre et
on va voir, dans la notice qui suit, comment cet auteur apprécie l'action purgative de ces eaux, que
nous avons à dessein négligé de signaler ici.

Aulus (Ariége) possède deux sources froides (20°)
sulfatées-calciques d'une minéralisation de $2^{gr},645$.
Le sulfate de chaux ($1^{gr},816$) y prédomine, puis après
lui viennent ceux de soude et de magnésie; on y rencontre encore de l'iode en quantité assez sensible
(0,08), puis de l'arsenic, du cuivre et du fer, enfin
125 cc. d'acide carbonique libre, par litre.

On a beaucoup insisté sur l'action favorable de ces
eaux dans la syphilis constitutionnelle ancienne, peu
ou point sur leur action purgative, et on s'est éver-
tué à les rapprocher des eaux de Contrexéville et
de Sermaize.

Ce n'est pas sous ce dernier point de vue que
M. Garrigou veut qu'on les considère. Il leur trouve
une utilisation beaucoup plus précieuse, et voici

en quels termes il l'expose ; nous transcrivons :

« Nous sommes pauvres en France en sources très-purgatives,» écrivait un confrère (1). Et ce médecin ne cite en France que la source de Niederbronn dans le Bas-Rhin, dont il reconnaît d'ailleurs que l'effet purgatif est très-faible. Mais les Pyrenées possèdent deux sources dont l'action purgative est des plus énergiques. Malheureusement elles ne sont guère connues que dans le Midi, et leur action, il faut l'avouer, est surtout efficace lorsqu'on use de ces eaux à la source même. Encausse et Aulus sont deux stations du plus grand avenir. Moins minéralisées que celles de Sedlitz, de Püllna, de Seidschutz, de Friedrichshall (Bohême et Saxe-Meiningen), elles n'en produisent pas moins des effets tels que, si l'on en fait un usage immodéré, l'état général des buveurs peut être péniblement affecté. Prudemment administrées, les eaux d'Aulus surtout produisent des effets dépuratifs réellement merveilleux. Leur analyse m'a permis d'y découvrir des substances jusqu'ici ignorées dans les éléments qui les composent, et que j'ai retrouvés depuis dans quelques sources des environs de Luchon. En effet, les eaux d'Aulus, de même que les sources ferrugineuses de Cazarilh, de Salles et

(1) Rotureau, *Gazette hebdomadaire*, 1571.

des galeries de Luchon, outre du fer, renferment du manganèse, du nickel, du cobalt, du zinc, du cuivre et de l'arsenic.»

Quant à l'action antisyphilitique des eaux d'Aulus, voici l'appréciation qu'en donne le même auteur, et il n'est guère d'esprits, à moins de se montrer prévenus, qui ne l'acceptent.

« Est-ce à la présence de ces métaux, se demande M. Garrigou, que les eaux d'Aulus doivent la réputation de guérir la syphilis ? Est-ce plutôt à leur effet dépuratif ?... Je n'ai jamais vu un seul cas de guérison obtenu par leur emploi en dehors du traitement spécifique. Mais ce que je puis affirmer, c'est que, lorsqu'un malade a pris longtemps du mercure sans arriver à la guérison, et que des accidents mercuriels ont éclaté chez le sujet, l'usage des eaux purgatives d'Aulus, soit qu'elles entraînent, par suite d'une augmentation plus grande de la circulation générale, l'absorption et le transport du médicament hydrargyrique dans toutes les parties du corps, soit qu'elles agissent autrement, amènent après deux ou trois saisons la guérison de la maladie. »

Les sources de *Contrexéville* et de *Vittel*, toutes deux dans les Vosges, déjà fort voisines par leurs points d'émergence, ne le sont pas moins par leurs applications thérapeutiques. Les unes et les autres sont froides, principalement minéralisées par du sulfate de chaux uni à des bicarbonates alcalins, au fer et au manganèse, avec des traces d'iode, de brôme et d'arsenic. La nuance est que Contrexéville possède des sources un peu plus bicarbonatées-sodiques ; celles de Vittel, au contraire, sont un peu plus riches en fer et en manganèse. Cette distinction nous amène à nous occuper de chaque groupe de sources en particulier.

Des trois sources de **Contrexéville**, le *Pavillon* (temp. 12°), si elle n'est la plus minéralisée (2^{gr},941) est du moins la plus connue. Elle contient 1^{gr},150 de sulfate de chaux et de très-minimes proportions de sulfates de soude, de magnésie et de potasse, un peu plus d'un gramme de bicarbonates alcalins, parmi lesquels celui de soude domine (0,675),9 milligrammes de bicarbonates de fer et de manganèse, des traces d'iode, de brôme et d'arsenic

Les sources des *Bains* (total 3^{gr}, 155) et du *Quai* (3,186), en même temps qu'elles sont plus minéralisées, sont aussi plus carbonatées (bicarbonate de soude, de chaux et de magnésie 2 ^{gr} et 1^{gr}, 150), fer et manganèse 5 centigrammes.

Sous le rapport de la thérapeutique, les eaux de Contrexéville ont une spécialisation bien accusée.

On les utilise, principalement en boisson, dans le traitement de la gravelle, du catarrhe vésical ou rénal, et dans celui de la goutte. On les emploie encore assez souvent dans les dyspepsies et les gastralgies et dans les troubles hépatiques.

De toutes ces applications, la plus formelle est le traitement de la gravelle par l'eau du Pavillon à haute dose. MM. Patissier, Baud, Treuille et le plus grand nombre des médecins sont d'avis que l'eau minérale agit surtout alors mécaniquement, « par rinçage ». Il est loin d'être demontré, en effet, qu'elles aient une action véritablement antidiathésique.

L'action de ces eaux sédatives dans le catarrhe des voies urinaires, surtout lorsque celui-ci s'accompagne de douleur, d'inflammation ou de dysurie, est beaucoup plus profonde. Elle est franchement résolutive et les eaux agissent surtout alors à la manière des sulfatées.

Les applications de Contrexéville au traitement de la goutte, bien qu'utiles, doivent être l'objet d'une reserve semblable à celle qui a été faite pour la gravelle. Il est douteux que leur action, dans ce cas, soit bien efficacement antidiathésique.

Les trois sources de **Vittel**, également froides (temp. 11°,26), présentent sous le rapport de la richesse de la minéralisation des différences assez tranchées. La *Grande-Source* donne des proportions à peu près identiques de sulfate de chaux (0,440) et de sulfate de magnésie (0,432), celle du sulfate de soude étant de 0,326 ; la proportion des bicarbonates est de 0,264, le fer y figure pour 1 centigramme, le manganèse n'a pas été dosé ; il en est de même de l'iode et de l'arsenic ; en tout 1^{gr},739 de sels.

La source *Marie* est la plus riche des trois (3^{gr},280) ; les sulfates de chaux (1^{gr},100) et de magnésie (1^{gr},020) dominent ; la proportion des bicarbonates reste toujours faible (0,310), mais le composé de fer est abondant (0^{gr},4). Cette eau minérale possède des qualités laxatives assez accusées.

La source des *Demoiselles* est celle qui pourvoit surtout à l'exportation ; sa minéralisation est intermédiaire (2^{gr},311) à celle des deux autres sources. Elle se signale par une proportion un peu plus élevée des bicarbonates alcalins, par la présence de l'iode et de l'arsenic et enfin par une plus grande fixité des composés ferreux qu'elle contient (bicarbonate et crénate de fer, manganèse).

L'action thérapeutique des sources de Vittel est à peu près identique à celle des eaux de Contrexéville ; on les emploie dans les mêmes cas. Toutefois, il est bon de noter que les eaux de Vittel sont plus ferrugineuses, manganésiennes et légèrement laxatives.

Ce sont là des considérations dont la pratique trouve à tirer parti.

Les eaux de **Martigny** (Vosges) se rapprochent très-sensiblement par leur constitution de celles des deux stations qui précèdent. A peu près également sulfatées, moins bicarbonatées, crénatées-ferrugineuses, mais faiblement, avec des traces d'arsenic, on a surtout fait valoir en leur faveur, depuis quelques années, la proportion, relativement très-élevée, de lithine qu'elles contiennent. En se fondant sur ce dernier caractère, et malgré leur faible minéralisation ($2^{gr},595$), on a cherché à établir, d'après la théorie du docteur Garrod, leur extrême activité dans le traitement de la goutte. Le mouvement, dans ce dernier sens, nous est revenu d'Allemagne par les eaux minérales, après avoir pris naissance en Angleterre.

Si l'importance actuellement donnée à l'action de la lithine venait à être vérifiée par la pratique, il conviendrait de se rappeler que la station de Martigny a, depuis plusieurs années, revendiqué en faveur de ses eaux l'avantage d'être les plus lithinées, non seulement de France, mais aussi d'Allemagne.

Des 13 sources sulfatées-calciques que possède l'Allemagne, aucune n'a atteint le degré de notoriété auquel sont parvenues certaines de ses sources des autres classes. Presque toutes sont froides ou, dù moins, d'une température très-peu élevée. De ce nombre nous nous bornerons à signaler:

. BERKA (Saxe-Weimar), employée dans les rhumatismes et les paralysies;

EILSEN, source sulfatée (15°) et en même temps sulfureuse, usitée dans le catarrhe bronchique et les affections articulaires;

EPPENHAUSEN, (Westphalie), goutte et rhumatismes;

SKLO (Autriche), principalement fréquentée pour son établissement militaire, rhumatismes, dermatoses;

VÖSLAU (Autriche), légèrement thermale (temp. 25°), sédative, principalement employée dans les névropathies et les catarrhes génito-urinaires.

Nous devons signaler encore la source froide de GOSCHWITZ (Saxe-Weimar) utilisée pour son action purgative.

Il faut pourtant faire une exception en faveur de BADEN (Autriche), dont les 13 sources thermales (de 28° à 36°) à la fois sulfatées-calciques et sulfhydriquées sont employées pour le traitement de la diathèse tuberculeuse à son début, dans celui du catarrhe, des dermatoses de nature herpétique, du rhumatisme, des paralysies et des névroses qui dépendent de cette dernière diathèse. On étend leur action aux affections atoniques du tube digestif, aux engorgements du foie et même à la goutte.

Mais c'est principalement aux sources sulfatées-calciques de la Suisse, dont quelques-unes sont extrêmement renommées parmi nous, que se rendent les malades français. Bien que ces dernières soient tout à fait en dehors de notre programme, nous nous faisons un devoir de rappeler leurs noms ici :

Bex (canton de Vaud), qui possède des sources à la fois sulfatées-calciques et chlorurées-sodiques que nous avons déjà eu l'occasion de signaler. A Bex on soigne plus particulièrement les dermatoses herpétiques et la diathèse strumeuse.

Loèche (Valais), sulfatée-calcique (de 31° à 51°). On y traite les rhumatismes, les paralysies et surtout les dermatoses par une médication tout à fait particulière à cette station et qui repose principalement sur les effets de bains très-prolongés.

Baden (Argovie), eaux sulfatées-calciques et légèrement chlorurées, fortement thermales (de 46° à 50°), qui ont été l'objet d'une très-remarquable installation. Les affections rhumatismales, les états névropathiques, les rhumatalgies, les névralgies et les névroses forment la majeure partie des affections que l'on y soigne.

3° EAUX SULFATÉES MIXTES.

SOURCES FRANÇAISES.	SOURCES ALLEMANDES.
Montmirail (Vaucluse).	Friedrichshall (Saxe-Meiningen).
Brides (Savoie).	
Dax (Landes).	Dribourg (Westphalie).

Les sources sulfatées mixtes sont peu nombreuses dans les deux pays. Elles sont en général laxatives. En France, nous ne possédons que trois sources de ce groupe qui méritent une mention spéciale. L'une d'elles, celle de Montmirail (Vaucluse), est sans analogue sur notre territoire. Trop peu connue, elle n'est pourtant pas indigne, sous beaucoup de rapports, d'être mise en parallèle avec les eaux purgatives si renommées d'Epsom, de Sedlitz et de Saidschutz. Nos deux autres stations sulfatées mixtes sont celles de Brides (Savoie) et de Dax (Landes).

Pour cette même classe, nous n'avons guère à signaler en Allemagne que la source de Friedrichshall (Saxe-Meiningen). Dribourg (Westphalie) est certainement moins fréquenté pour sa sa source sulfatée mixte et froide d'une minime minéralisation que pour les deux sources sulfureuse et ferrugineuse qui coulent dans le voisinage de la première. Quant à Lavey (Vaud), station très-réputée, elle appartient à la Suisse et ne saurait trouver place dans ce travail.

Montmirail (Vaucluse) possède deux sources, dont l'une, sulfatée mixte, est celle sur laquelle nous tenons à insister ici, tant il nous semble qu'il serait utile d'en étendre l'emploi par l'exportation.

Cette eau, légèrement teintée en vert par suite de son passage à travers les marnes tertiaires, est principalement minéralisée par les sulfates de magnésie 9^{gr},31 et de soude 5^{gr},06, celui de chaux n'y figure que pour 1 gr. Il ne nous paraît pas qu'il y ait grand intérêt à insister sur les petites proportions de chlorures et de bicarbonates qu'elle contient. M. O. Henry y a constaté encore la présence de l'iode, de l'arsenic et du sesquioxyde de fer. La présence de ces dernières substances, dans une eau qui a avant tout pour destination d'être purgative, a-t-elle une grande importance? Nous ne le croyons pas.

Ce qu'il nous importe davantage de connaître, c'est que l'eau verte de Montmirail, avec ses 17^{gr},30 de sels, produit aussi sûrement la purgation que celles de Sedlitz ou de Püllna. M. Ernest Boudet affirme qu'elle n'a pas la saveur désagréable de la première et qu'elle détermine l'effet purgatif doucement et avec une durée de deux à quatre heures, sans causer ni coliques ni sécheresse de la bouche. Pour lui 3/4 de litre à 1 litre d'eau de Montmirail équivalent, comme effets produits, à ceux que peuvent détermiuer de 32 grammes à 48 grammes de sels artificiels de Sedlitz.

La seconde source, sulfurée-calcique froide, est une sulfureuse accidentelle. Son analyse, assez complexe, a révélé un total de sels de 1^{gr}, 510. En tête, il faut inscrire des sulfures de calcium, de magnésium, de sodium (0,047), puis des sulfates, des chlorures et des carbonates en très-médiocre proportion, un peu d'iode, de fer sulfuré et d'arsenic, enfin 0 litre, 0076 d'acide sulfhydrique libre.

Cette dernière eau est utilisée dans les dermatoses, le catarrhe pulmonaire et la dysménorrhée. On combine souvent son action avec celle de l'eau purgative.

L'eau de **Brides** (Savoie) est thermale (temp. 36°); elle a, sous le point de vue thérapeutique, une composition assez complexe. Tonique à petite dose, laxative au-dessus de quatre verres, diurétique, il faut la tenir pourtant pour reconstituante. Elle contient, d'ailleurs, une assez forte proportion de fer (0,03) et de l'iode (Reverdy). Mais le dernier mot sur son analyse chimique n'est pas prononcé puisqu'on la considère généralement comme sulfurée, bien que M. Socquet, qui en a publié l'analyse, n'ait pas noté l'acide sulfhydrique.

Voici du reste les principaux indices de minéralisation, d'après le même auteur : sulfate de soude 1^{gr},329, — de chaux 2,251, — de magnésie 0,112; chlorure de sodium 1,824, bicarb. de fer 0,03, acide carbonique libre 0,600.

L'anémie, la chlorose et leurs troubles consécutifs : dysménorrhée, leucorrhée, état nerveux, certaines affections scrofuleuses, notamment celles qui siégent sur les muqueuses, des dermatoses liées aux états généraux qui précèdent, les affections chroniques utérines forment le fond de la clientèle de Brides.

Dax (Landes), l'ancienne station romaine, *Aquæ Tarbellicæ*, possède des sources très-nombreuses, extrêmement peu minéralisées, mais fortement thermales (temp. de 31° à 61°). On y utilise en outre des boues minérales principalement composées de limon végétal. L'installation y est bonne.

L'analyse de ces eaux, que nous avons sous les yeux, est également incomplète. Elle donne un total de 0^{gr},475 de sels : sulfate de soude 0,151, — de chaux 0,170, un peu de chlorures de sodium et de magnésium ainsi que du carbonate de magnésie, enfin des conferves abandonnant des traces d'iodure et de bromure alcalins.

En regard de cette analyse si peu significative par elle-même, si on examine quelles sont les applications les plus habituelles des eaux : rhumatisme musculaire ou articulaire, suite d'entorses et de fractures, on est tenté de rapporter le principal rôle, dans leur action, à leur haute thermalité.

Les eaux de FRIEDRICHSHALL ont acquis une assez grande réputation qu'elles doivent sans doute au chlorure de sodium qu'elles présentent uni en assez forte proportion aux sulfates. C'est peut-être à ce motif qu'on doit de pouvoir prolonger leur emploi pendant assez longtemps sans trop débiliter l'estomac. Le même ordre de causes a dû les faire prescrire de préférence aux eaux de Sedlitz, de Püllna et de Saidschutz dans les dyspepsies, la constipation atonique et par inertie.

Ces eaux sulfatées mixtes sont froides et ainsi composées d'après Liebig : sulfate de soude 6^{gr},056, — de potasse 0,198, — de magnésie 5,150, — de chaux 1,346 ; chlorure de sodium 7^{gr},956, — de magnésium 3,939, un peu de bromure de magnésium et de fer, en tout 25^{gr},696 de sels par litre, dont 0,402 d'acide carbonique libre.

Cette composition complexe des eaux de Friedrichshall, qui, pour les principes dominants, tout au moins, se prêterait facilement à une préparation artificielle, rentre complétement, nous semble-t-il, dans la classe des eaux purgatives au sujet desquelles

la Société d'hydrologie médicale de Paris a émis, il
y a plusieurs années déjà, une opinion que l'on trouvera rappelée au commencement de la classe qui
suit, et qui nous paraît pleine d'intérêt.

4º EAUX SULFATÉES-MAGNÉSIQUES.

SOURCES FRANÇAISES.	SOURCES ALLEMANDES.
Ginoles.	Sedlitz.
Sermaize.	Püllna.
Bagnères Saint-Félix.	Saidschutz.

SOURCE SANITAIRE DE LA SUISSE.

Birmenstorf.

Une seule classe, qui n'a qu'une bien faible place en hydrologie, celle des eaux sulfatées-magnésiques, nous reste à examiner.

Cette division n'est représentée en France que par quelques sources d'un intérêt assez médiocre : Ginoles (Aude), Sermaize (Marne) et Bagnères Saint-Félix (Lot).

Au contraire, quelques sources sulfatées-magnésiennes allemandes, et surtout celles de la Bohème, sont l'objet d'une exploitation considérable, non pas qu'elles soient employées aux sources mêmes, mais en vue de l'exportation. Il nous suffira de citer les noms de Püllna, de Sedlitz, de Saidschutz (Bohème) qui sont, du reste, les trois plus connues et à peu près les seules exportées, avec les eaux similaires de

Birmenstorf (Suisse), pour faire comprendre quelle espèce d'importance doit s'attacher à ces eaux.

SEDLITZ, eau froide avec $0^{lit},068$ d'acide carbonique, $31^{gr},820$ de sulfate de magnésie, sulfates de soude 0,730 et de chaux 0,581, donne un total de $33^{gr},50$ de sels par litre. On voit que le produit artificiel ne s'écarte que peu en somme de la composition de l'eau minérale naturelle.

Il n'en est plus de même de l'eau de PÜLLNA dont la constitution est plus complexe, et qui mérite le nom d'eau amère. Elle ne contient pas moins de $62^{gr},440$ de sels par litre se décomposant ainsi : sulfate de magnésie $33^{gr},566$, — de soude 21,889, — de chaux 1,184 ; chlorure de sodium 3 grammes, — de magnésium 1,860.

L'eau de SAIDSCUUTZ est moins riche que les précédentes, mais elle est de composition plus complexe encore. Aux sulfates de magnésie $10^{gr},959$, — de potasse 0,533, — de soude 6,494, — de chaux 1,312, nitrate de magnésie 3,277, elle joint de minimes proportions de chlorure de magnésium, de crénate de magnésie et des traces de brome, d'iode, de fluor et d'ammoniaque, pour donner un total de $23^{gr},640$ de sels.

Et maintenant, nous revenons à l'observation que nous indiquions en terminant le précédent chapitre.

Peut-on en partie suppléer artificiellement à ces eaux? Il ne peut s'agir de prétendre reproduire des composés identiques dans le laboratoire. Cette question est vidée depuis longtemps. Mais ce qui fait la valeur de ces eaux, c'est leur composition complexe. Une discussion ayant été soulevée au sein de la Société d'hydrologie de Paris par M. Labat, il résulta du débat que ces eaux amères paraissaient, d'une part, agir plus sûrement par la multiplicité des sels qu'elles contiennent ; d'autre part, plusieurs hydrologistes, et notamment M. Caulet, soutenaient que, outre une sûreté plus grande à procurer l'effet purgatif, elles avaient pour avantage de moins fatiguer l'appareil intestinal, de moins rebuter le goût, et, par conséquent, de permettre d'en soutenir l'usage pendant un temps plus long, circonstance précieuse dans bien des cas.

Un médecin-chimiste distingué, M. Mialhe, partageait cette même opinion. Il voulait qu'à son exemple — et il se louait fort des essais qu'il avait souvent tentés — on prît modèle sur la composition des eaux amères naturelles pour préparer artificiellement des produits qui s'en rapprocheraient sensiblement. M. Mayet acceptait volontiers, en l'approuvant, cette manière de voir. Il la déclarait seulement inopportune, puisqu'il était très-facile de tirer des sources les produits naturels. Depuis, les conditions ont changé en ce qui se rapporte à ce dernier point, et peut-être serait-il bon que M. Mialhe reprît de plus près encore ses essais, aidé en cela par M. Mayet. M. le docteur Caulet paraissait trop convaincu de l'utilité de cette mesure, pour qu'il ait pu abandonner depuis cette époque l'opinion qu'il soutenait alors avec tant d'ardeur.

VII

EAUX SULFUREUSES

Dans l'étude des eaux des précédentes classes, on n'a pu ne pas être frappé de voir l'Allemagne répondre à une grande partie des indications que nous sommes dans l'habitude de demander aux sources sulfureuses au moyen d'eaux d'autres classes, des sulfatées, des bicarbonatées, ou même des chlorurées-sodiques, contenant parfois une fort légère proportion d'acide sulfhydrique libre.

La raison de cette conduite se trouve dans la pauvreté de l'Allemagne en eaux sulfureuses véritables ; elle se trouve encore expliquée par ce fait, d'un très-haut intérêt en fait d'eaux sulfureuses, et qui a été nettement établi par J.-P.-A. Fontan (1), qu'il existe deux espèces d'eaux sulfureuses : les unes *na-*

(1) Fontan, *Recherches sur les Eaux minérales des Pyrénées.* Paris, 1853.

turelles, franchement *sulfurées*, très-abondantes en France, tandis qu'elles font à peu près défaut à l'Allemagne; les autres *artificielles*, *sulfhydriquées*, également nombreuses en France, mieux représentées en Allemagne que les précédentes, mais toujours avec une infériorité considérable.

1° *Sulfurées sodiques.* — La première espèce d'eaux sulfureuses, que Fontan nomme *naturelles*, sont des *sulfurées-sodiques ;* elles sourdent *naturellement* chargées de *sulfure de sodium.* Ces eaux sont très-altérables à l'air ; elles sont inodores, incolores et limpides avant leur contact avec ce dernier agent, et ce n'est que postérieurement et consécutivement à ce contact avec l'oxygène de l'air qu'elles répandent l'odeur caractéristique d'hydrogène sulfuré et qu'elles éprouvent un commencement de décomposition. C'est pour ces mêmes motifs que ces eaux, de limpides qu'elles étaient, deviennent opalines et *louchissent*.

Les eaux de cette classe sont, en général, très-thermales et leur richesse de minéralisation paraît être en raison de l'élévation de leur température. Il faut noter pourtant que leur degré de sulfuration a moins d'importance, au point de vue de leur activité thérapeutique, que leur degré de fixité. Ainsi les eaux facilement décomposables à l'air, celles que pour cette rapidité d'altération on nomme *eaux dégénérées*, ont une action assez faible.

Les eaux *sulfurées-sodiques* sont de beaucoup les plus précieuses parmi les sulfureuses; ce sont elles qui représentent, sur notre sol, la plus importante de nos richesses hydrologigues. On les rencontre, aux Pyrénées, répandues avec une incomparable profusion, et nous allons les signaler brièvement; on les retrouve encore, bien qu'en nombre infiniment moindre, dans les Alpes, à Challes, à Marlioz, à Bromines, dans le Dauphiné au Bachet, à Cordéac, et jusque dans le centre, à Saint-Honoré (Nièvre).

Le nombre des sulfurées-sodiques connues se chiffre par 53, et non-seulement la France en possède 38 pour son compte, mais encore toutes les plus renommées lui appartiennent. L'Allemagne ne possède en tout que deux sources sulfurées-sodiques, Meinberg et Mingolsheim, encore sont-elles fort pauvres; il n'y a donc pas de parallèle à tenter.

2° *Sulfurées-calciques.* — Le second groupe des sulfureuses reconnu par Fontan est celui des sulfureuses *accidentelles* ou *sulfurées-calciques*. Fontan les a qualifiées d'accidentelles, parce que l'élément sulfureux ne préexiste pas dans ces eaux. Ce sont, à l'origine, des eaux sulfatées qui deviennent bien *accidentellement* sulfureuses, mais par suite de la réduction de leurs sulfates au contact des matières organiques du sol, d'ordinaire des tourbes en décomposition ou en putréfaction. Ces eaux renferment à leur émergence de l'acide sulfhydrique libre; elles sont *sulfhydriquées*, et, par suite, odorantes dès leur sortie du sol.

Froides en général, — sur 54 sources françaises il n'y en a que sept qui soient chaudes, — on ne les voit jamais atteindre, lorsqu'elles sont thermales, aux températures élevées des eaux sulfurées-sodiques. Elles sont plus chargées en sels que leurs congénères à base de soude; elles contiennent toujours du chlorure de sodium et presque toujours un peu d'acide carbonique.

Sous ce rapport encore la France est bien mieux partagée que l'Allemagne; elle compte 54 sources contre 24 seulement aux régions au delà du Rhin.

Les sulfhydriquées n'existent aux Pyrénées qu'en nombre relativement peu considérable, si on les compare à la profusion des sulfurées-sodiques que l'on trouve en cette région. Pourtant Bagnères-de-Bigorre, Cambo, Visos, Viscos (Hautes-Pyrénées), Barbazan, Salies (Haute-Garonne), Castera-Verduzan (Gers), sont des représentants qui sont loin d'être sans intérêt.

En revanche, nous les voyons disséminées sur tout

le territoire, abondantes surtout au sud-est, le long des Alpes et dans le bassin du Rhône, à Allevard, à Echaillon (Isère), à Champoléon, Saint-Bonnet, Trescléoux (Hautes-Alpes), à Digne, Gréoulx (Basses-Alpes), à Brides, Chambéry, La Caille (Savoie), à Cauvalat, Euzet (Gard), à Camoins ou La Cambrette (Bouches-du-Rhône). Nous avons déjà signalé la source sulfureuse de Montmirail (Vaucluse).

Nous les retrouvons plus à l'est à Guillon (Doubs), à Neuville (Haute-Saône), et tout au nord à Pierrefonds, à Enghien, à Mortefontaine (Oise) : enfin elles sont représentées à Paris même par cinq sources : Batignolles, Belleville, les Ternes, pont d'Austerlitz, rue de Vendôme.

L'Allemagne ne possède pour son compte que 24 sources sulfurées-calciques, encore beaucoup d'entre elles seraient-elles mieux placées dans d'autres classes. Plusieurs des sulfureuses les plus suivies de ce pays ont été déjà signalées par nous dans les divisions qui précèdent, soit aux chlorurées-sodiques, comme Aix-la-Chapelle, soit à la division des eaux sulfatées ou même des bicarbonatées, nous n'y reviendrons pas.

Nous pourrions nous abstenir de tout commentaire, un parallèle étant aussi difficile à tracer en ce point qu'il est inutile pour faire la preuve de la démonstration que nous avons entreprise, et nous pourrions terminer là ce chapitre. Pour les sulfurées-sodiques, n'avons-nous pas déjà constaté, d'ailleurs, que toute comparaison serait impossible. Pour les sulfurées-calciques, l'infériorité de l'Allemagne n'est guère moins manifeste. Une des plus suivies de ces sources allemandes est certainement Nenndorf, qui n'est guère connue chez nous.

Ce n'est donc qu'avec le désir de nous montrer à peu près complet dans l'exposition des eaux minérales françaises que nous nous astreignons à indiquer, bien que très-sommairement, ce qu'est la médication sulfureuse en elle-même et dans ses applications thérapeutiques. Afin que ce travail réponde mieux à la destination d'un guide-pratique, nous rappellerons aussi les noms des principales sources sulfureuses de France en les faisant suivre de leurs indications les plus formelles.

Action physiologique des eaux sulfureuses. — Les eaux sulfureuses sont employées en boisson, en bains, en douches, en inhalations gazeuses, en gargarisme, et au moyen de la pulvérisation.

En *boisson*, on peut dire que l'action générale des eaux sulfureuses est la stimulation ; elles excitent l'appétit, stimulent la digestion, excitent l'intestin et provoquent la diurèse, sans être purgatives.

En bains, elles sont également stimulantes ; elles font sentir une action vive sur la peau ; la stimulation est d'autant plus forte que la température est plus élevée. Cette stimulation peut aboutir à une sorte d'état nerveux avec privation de sommeil lorsque les eaux sont mal administrées. Dans le cas contraire, on reconnaît bien vite leur influence tonique. Quelques sources cependant sont plus particulièrement sédatives : Saint-Sauveur, Molitg., Olette ; cette dernière propriété se rencontre de préférence aux eaux dégénérées.

En inhalations et par la pulvérisation, l'action des eaux sulfureuses est avant tout modificatrice et résolutive. Il convient de bien noter ce point très-important : les eaux sulfureuses paraissent avoir leur plus grande spécialité d'action sur la peau et sur les muqueuses respiratoires. Cette remarque est utile à connaître, parce qu'elle domine les applications des sulfureuses.

Sous le rapport des indications générales, on peut dire que les eaux sulfureuses s'adressent surtout aux individus affaiblis, peu excitables, lymphatiques ou scrofuleux, mais, pour ces derniers, à certains accidents déterminés du lymphatisme et de la scrofule, car les eaux chlorurées-sodiques fortes conviennent davantage pour le traitement général de ces deux diathèses. Au contraire, ces mêmes eaux sont contre-indiquées chez les sujets très-nerveux, excitables ou menacés de congestions actives.

Il reste maintenant à rappeler les indications plus particulières des eaux sulfureuses. M. Durand-Fardel en a formé trois groupes, d'après leur importance :

Applications spéciales, dues entièrement à la qualité sulfureuse des eaux : dartres ou diathèse herpétique, catarrhes de l'appareil respiratoire.

Applications communes, dans lesquelles on recherche moins l'élément sulfureux en lui-même, que son action stimulante sur la peau, la thermalité, les procédés balnéothérapiques, etc. : lymphatisme, rhumatisme, chlorose, syphilis, scrofule.

Applications secondaires, dans lesquelles l'élément sulfureux n'est plus qu'un accessoire, c'est la thermalité et les procédés balnéothérapiques qui jouent le premier rôle ; souvent on devra, en effet, préférer les sulfureuses affaiblies ou dégénérées : métrite chronique, catarrhes des voies urinaires, maladies chirurgicales, dyspepsie.

Telles sont les plus importantes des applications des eaux sulfureuses, mais elles ne sont pas les seules. Il suffira d'avoir indiqué les grands groupes, pour qu'on puisse déduire d'autres applications qui ne sont, en quelque sorte, que des corollaires des premières. Dans la nomenclature qui suit des sources et des affections qui s'y rapportent, nous conservons, autant que possible, ces mêmes indications générales.

Pour les sources sulfurées-sodiques, avec la température des eaux, nous prendrons le soin d'indiquer l'altitude des stations, un grand nombre d'entre elles étant situées dans les montagnes. Cette considération est particulièrement intéressante, puisque beaucoup de sources ne sont principalement fréquentées que par des malades de la poitrine.

Enfin l'obligation dans laquelle nous nous trouvons de maintenir ce travail dans des bornes restreintes, nous contraint, en face du très-grand nombre de sources qu'il nous reste à signaler dans les deux dernières classes, eaux sulfureuses et eaux ferrugineuses, à nous en tenir à une brève exposition. Nous adoptons donc l'ordre alphabétique et nous ne cessons de rechercher des rapprochements qu'il serait du reste impossible d'établir, pour les sources sulfureuses, entre les eaux françaises et allemandes.

1° EAUX SULFURÉES-SODIQUES.

SOURCES FRANÇAISES.	SOURCES ALLEMANDES.
Amélie-les-Bains.	Meinberg.
Ax.	Mingolsheim.
Bagnères-de-Luchon.	
Bagnoles (Lozère).	
Baréges.	
Cauterets.	
Challes.	
Eaux-Bonnes.	
Eaux-Chaudes.	
Gazost.	
Marlioz.	
Molitg.	
Olette.	
La Preste.	
Saint-Honoré.	
Saint-Sauveur.	
Le Vernet.	

Amélie-les-Bains (Pyrénées-Orientales) est une station de l'État qui, par suite de sa situation méridionale et de la douceur de son climat, est à la fois fréquentée l'été et pendant l'hiver. Son altitude est de 278 mètres. On y compte plus de 20 sources dont la thermalité varie de 20 à 61 degrés. Leur sulfuration a été trouvée de 0,0160, à 0,0088. Le *grand Escaldadou* a donné à M. Poggiale : sulfure de sodium 0,012, des chlorures, carbonates et sulfates de soude et de potasse en très-petite proportion,

0,004 d'oxyde de fer et d'alumine, un peu de glairine.

Il y a, à Amélie, trois établissements, dont un hôpital militaire thermal considérable.

Les eaux de cette station sont des sulfurées douces, moins sédatives que Saint-Sauveur, mais n'atteignant pas aux effets excitants des sources fortes de Luchon, de Cauterets et de Baréges, réserve faite, pour cette dernière station, de la source *Barzun* (1).

La principale application des eaux d'Amélie est contre les affections de poitrine : catarrhes, phthisie tuberculeuse, asthme humide. On y use beaucoup des inhalations sulfureuses et humides, et on y met largement à profit la douceur du climat qui permet d'instituer des saisons d'hiver.

En outre de ces applications spéciales, on retrouve à Amélie les applications communes des eaux sulfureuses et très-thermales : le rhumatisme, les dermatoses, les scrofules, la dyssenterie chronique, la syphilis. Dans ces derniers cas, on a fait observer que le mode d'action des eaux d'Amélie paraissait se rapprocher davantage des eaux sulfurées-calciques que de celui des sulfurées-sodiques.

Ax (Ariège), Alt. 710 mètres, une soixantaine de

____

(1) Voyez Baréges, p. 259.

sources de 24 à 77°; trois établissements : *Couloubret,
Teich* et *Breilh*, alimentés chacun par un groupe de
sources.

Un des très-précieux caractères de la station d'Ax
consiste dans le très-grand nombre des sources, en
même temps que dans les différences de thermalité,
de sulfuration ou de dégénération qu'elles présentent. On y peut donc répondre d'une façon très-
précise aux indications les plus variées, dès l'instant
que celles-ci appartiennent à l'un des quatre ordres
d'affections qui forment plus spécialement le fond de
la pratique d'Ax, et qui ont été ainsi catégorisées par
M. Alibert : maladies rhumatismales, maladies de la
peau, affections catarrhales, affections scrofuleuses.

Rhumatisme récent, rhumatisme articulaire chronique, dermatoses, eczéma, rupia, prurigo, lichen,
ulcères des jambes; catarrhe bronchique; scrofule,
indication moins formelle que par les chlorurées-
sodiques ou par des sulfureuses plus fortes.

Bagnols (Lozère), six sources de 31°,5 à 42°, et
deux établissements : bains, piscines, étuves, douches.
inhalations. Acide sulfhydrique 0,0027 par litre.

Rhumatisme, catarrhe bronchique.

Le bain de piscine y est employé à une température remarquablement élevée (40°) et suivi d'effets
extrêmement énergiques ; dans beaucoup de cas, le

bain doit exiger une grande surveillance ; l'inhalation se fait directement par absorption des vapeurs et des gaz qui résultent d'une chute d'eau minérale.

Baréges (Hautes-Pyrénées), altitude 1,280 mètres. Cette ancienne station, très-renommée, illustrée par la pratique de Bordeu, possède 16 sources de 18°, à 44°, 25. Leur richesse en sulfure de sodium varie entre $0^{gr},0404$, et $0, 0220$ (Filhol) ; elles sont remarquablement fixes et fort peu altérables, pour des sulfureuses, d'où il suit qu'elles se prêtent très-bien à l'usage externe. Leurs applications sont relativement plus restreintes que pour d'autres sources, en conséquence de leur assez grande uniformité de température et de minéralisation.

Le traitement de Baréges est assez excitant, excepté à la source et à l'établissement de *Barzun*, qui se trouve à 1 kilomètre de la ville. Cette dernière source possède, au contraire, une action hyposthénisante. Elle a 29°,60 de température et abandonne 0,032, de sulfure de sodium.

On emploie les eaux de Baréges en bains de baignoires, mais surtout en bains de piscine, en douches et aussi en boisson (source du *Tambour*).

Si Baréges ne présente pas les variétés de température et de sulfuration que l'on rencontre à Luchon et à Cauterets, en revanche, la grande fixité de composition de ses eaux, qui se prête si bien à l'usage externe, la force et l'activité très-remarquables dont elles jouissent, les placent au premier rang pour le traitement de certaines formes externes de la scrofule très-torpide, non pas chez les enfants, mais chez les sujets d'un certain âge (maladies des os et des articulations, ostéites chroniques, caries, trajets fistuleux, abcès, ulcères).

On connaît la réputation des eaux de Baréges pour la curation des anciennes blessures (plaies, blessures par armes à feu, fractures, etc.). Elles réussissent alors par suite d'une double série d'effets : remontement de la constitution, d'une part, et action topique sur la blessure de l'autre.

Le rhumatisme ancien, chez les sujets très-atomiques ou scrofuleux, certaines dermatoses et la syphilis sont des maladies qui sont encore en très-grand nombre à Baréges. Pour les dermatoses, l'uniformité de composition des eaux à laquelle on se trouve fatalement condamné, fait qu'on a préféré souvent les sources plus variées, dans leur composition et dans leur température, de Luchon, de Cauterets, d'Aix ou d'Amélie.

Cauterets (Hautes-Pyrénées). Cette station, à 932^m d'altitude, possède plus de 20 sources, distribuées en quatre groupes, fort variées de température (de 12° à

60°) et aussi de composition. A côté de sources sulfureuses (de 0,0100 à 0,0304 (S. des *Œufs*) de sulfure
de sodium par litre), qui présentent entre elles des
nuances fort précieuses de sulfuration, de minéralisation ou de thermalité, on trouve des eaux sulfatées
(la *Saline, Rieumizet*), et des eaux alcalines. *César,
Mohourat* et surtout *la Raillière,* si répandue par l'exportation, sont des plus connues parmi les sources
sulfureuses.

Cauterets possède de nombreux établissements
thermaux, installés tous dans les meilleures condition. Le plus important est le dernier construit, l'É-
tablissement des Œufs. On y administre les eaux en
bains, demi-bains, douches, gargarismes, inhalations, injections, piscine; mais la boisson y joue un
très-grand rôle.

Les sources les plus actives, *la Raillière,* les *Espa-
gnols, César,* sont attribuées au traitement de la scrofule et de la syphilis. Les plus thermales d'entre elles
se prêtent très-bien au traitement des différentes
formes de rhumatismes, surtout chez les lymphatiques et les scrofuleux.

Les dermatoses y sont l'objet d'un traitement
thermal, beaucoup plus facile à graduer qu'à Baréges, et qui présente de grandes analogies avec celui
que l'on suit à Luchon. Les affections utérines, mé-

trite chronique, engorgements, érosions, ulcérations sont principalement soignées aux sources du *Rieumi-zet*, et du *Petit-St-Sauveur*.

Mais ce sont surtout les affections catarrhales ou tuberculeuses de l'appareil respiratoire, les congestions et les inflammations chroniques du larynx et du pharynx, les pneumonies et les pleurésies anciennes qui viennent en plus grand nombre à Cauterets. Pour le traitement du catarrhe pulmonaire et de la phthisie tuberculeuse au 1er degré, on a souvent rapproché le mode d'action de la source de *la Raillière*, de Cauterets, de celui de la source *Vieille* des Eaux-Bonnes. M. Drouhet dit pourtant la source de Cauterets un peu moins excitante ; il la conseille pour les malades un peu pléthoriques, les sujets lymphatiques devant se trouver mieux de l'usage de Bonnes.

Challes (Savoie) présente une source sulfurée-sodique froide (sulfure de sodium, 0,295), temp. 12°, mais, en outre, fort remarquable par la proportion d'iodure et de bromure alcalins qu'elle contient. Elle est aussi alcalisée par du carbonate et du silicate de soude. M. O. Henry a signalé, avec raison, comme exceptionnelle la richesse de cette source dans ces trois principes.

Une semblable minéralisation devait mériter à

Challes une spécialisation thérapeutique accusée ; c'est ce qui a lieu. On y traite principalement les scrofules et les adénopathies scrofuleuses, les dermatoses de même nature, le goître endémique, les ulcères chroniques, les manifestations scorbutiques, la syphilis secondaire et tertiaire, etc.

L'eau de Challes est fréquemment employée à Aix-les-Bains où elle est exportée en assez grande quantité.

Eaux-Bonnes (Basses-Pyrénées). Sept sources, de 12°,80 à 32° de température, coulant, dans la montagne, à 790 mètres d'altitude. Cette station, l'une des plus fréquentées d'Europe, s'est acquis une grande renommée pour le traitement des affections de poitrine.

De toutes les sulfurées des Pyrénées, les eaux de Bonnes sont les plus riches en chlorure de sodium (0,264). Bien que contenant moins de sulfure de sodium (0,021) que Luchon, Amélie ou le Vernet, elles sont plus stimulantes que les sources que nous venons de nommer et l'emportent également, sous ce rapport, sur Cauterets.

Leurs effets stimulants se font plus particulièrement sentir sur les systèmes nerveux et circulatoires. Aussi leur administration exige-t-elle de grandes précautions et un guide exercé. Il faut noter encore, quoique ce fait n'ait pas une grande importance au point de vue pratique, que les Eaux-Bonnes contiennent une petite proportion de sulfure de calcium.

On les administre sous les deux modes : externe et interne; pourtant, de nos jours, elles sont presque exclusivement usitées en boisson.

Les applications des Eaux-Bonnes pourraient être extrêmement étendues et embrasser toutes celles que l'on retrouve aux eaux sulfurées. On les a volontairement à peu près limitées aux seules affections de l'appareil respiratoire et vocal : phthisie pulmonaire chez les sujets lymphatiques, peu excitables, non disposés aux congestions actives ou aux hémoptysies. Les malades ne devront prendre ces eaux que durant les périodes de répit de la maladie. Le catarrhe pulmonaire, la laryngite, l'angine granuleuse, la pneumonie chronique avec induration ou infiltration, le catarrhe bronchique, le lymphatisme et la scrofule sont très-avantageusement influencés par ces sources.

Nous répétons que ces eaux sont beaucoup plus stimulantes que beaucoup d'autres sources des Pyrénées. Il faudra donc en écarter tous les tuberculeux d'un tempérament sanguin, névropathiques ou facilement excitables, ceux qui présentent de la fièvre, des phénomènes aigus ou de grandes dispositions à l'hémoptysie.

Eaux-Chaudes (Basses-Pyrénées). Altitude 680 mètres. Les six sources qui y coulent, de 10°,5 à 36°,4, déterminent une action physiologique très-opposée à celle des sources qui précèdent. Cette action est manifestement sédative, elle se rapproche de celle des eaux de Saint-Sauveur ou de certaines sources sédatives de Luchon et de Cauterets.

Les Eaux-Chaudes possèdent un bon établissemént thermal dans lequel l'usage externe est beaucoup plus suivi qu'il ne l'est à la station voisine de Bonnes. On donne à ces eaux toutes les applications communes des sulfurées : dermatoses dartreuses, syphilis, empoisonnements métalliques. Si on n'y voit pas les affections chroniques de l'appareil respiratoire en plus grand nombre, cela tient assurément à la proximité (4 kilomètres) et à l'immense réputation des Eaux-Bonnes.

Par leurs propriétés sédatives, il reste encore d'assez nombreuses applications aux Eaux-Chaudes. En première ligne on peut placer le rhumatisme chronique, surtout le rhumatisme nerveux. Les affections utérines, métrite chronique, leucorrhée, avec prédominance lymphatique ou névropathique, se trouvent extrêmement bien des qualités reconstituantes et sédatives de ces eaux.

Gazost (Hautes-Pyrénées) présente quatre sources sulfurées-sodiques (0,032) et iodo-bromurées, qui ne sont pas sans analogie avec celles de Challes (Savoie), et en outre une source ferrugineuse. Comme pour la station des Alpes, les eaux de Gazost sont livrées en grande quantité à l'exportation.

Il n'est pas douteux que leurs propriétés résolutives et détersives, en même temps que reconstituantes, ne leur méritent également une assez grande réputation. Malheureusement, comme celles de Challes, elles sont froides, temp. 13°.

Elles ont les mêmes destinations : lymphatisme, scrofules, catarrhes.

Bagnères-de-Luchon (Haute-Garonne). Outre une situation merveilleuse, à 628 mètres d'altitude, et d'un établissement thermal incomparablement le plus vaste et le mieux conçu de toute la chaîne des Pyrénées, ce qui fait surtout le mérite principal de la station de Luchon, c'est la multiplicité des sources qui y coulent (48 sulfurées-sodiques, et ferrugineuses-bicarbonatées), la variété de leur composition depuis les sulfurées très-faibles jusqu'aux sulfurées fortes, et les nuances de la température, de 17° à 66°. Il faut noter que les eaux de Luchon sont des moins fixes des Pyrénées, qu'elles *blanchissent* et laissent précipiter du soufre très-promptement. Le sulfure de sodium y figure depuis 0^{gr},0095 jusqu'à 0,0777.

Il résulte de cette multiplicité de sources et des différences qu'elles présentent dans leur minéralisation, qu'on peut obtenir, en employant leurs eaux seules ou mélangées deux à deux, trois à trois, etc., des médications qui deviennent graduellement : douce et à sulfuration légère (*Ferras, Bosquet*) ; douce avec soufre en supension (*Blanche*); douce à sulfuration moyenne et sédative (*Bosquet, Bordeu*) ; sulfuration forte, mais non excitante (*Richard supérieur* et *Richard inférieur*); sulfuration forte et action excitante (*Grotte supérieure* et *inférieure*) ; sulfuration moyenne et action très-excitante (*Reine*). (Docteur Lambron.)

De même, en mélangeant les eaux de sources froides ou médiocrement thermales à des eaux hyperthermales, on arrive aisément à obtenir des combinaisons de température qui permettent d'éviter un chauffage ou un refroidissement artificiels auxquels le peu de fixité des eaux ne se prêterait guère.

On conçoit de quel prix inestimable doivent être ces variétés de minéralisation, de température et

d'effets physiologiques pour les applications thérapeutiques.

Aussi ne sera-t-on pas étonné de trouver une variété assez grande dans les indications thérapeutiques auxquelles ces eaux s'adressent. De même, il
sera superflu d'indiquer qu'elles s'emploient sous
les deux formes, externe et interne, bien que le bain
représente plus spécialement le fond du traitement.
L'action de ce bain est très-manifeste et fort accusée
à la peau. Elle détermine assez fréquemment des
poussées.

Quand on a voulu caractériser, d'une façon générale, l'action du traitement par les eaux de Luchon,
on a pu la dire antidiathésique de l'herpétisme, de
la scrofule, du rhumatisme et de la syphilis, en rat-
tachant à certaines de ces diathèses les affections
catarrhales qui en dépendent, et le lymphatisme à
la scrofule.

Parmi les manifestations herpétiques, il faut préférer Luchon dans les eczémas chroniques, les affections pustuleuses et impétigineuses; le pityriasis
des membres, le psoriasis non congénital, les scrofulides tuberculeuses y sont soumises aux sources fortes.

Contre le rhumatisme non névropathique on y
met surtout à profit la thermalité et la révulsion
énergique sur la peau. Parmi les manifestations de

la scrofule et du lymphatisme, on y agit plus spécialement contre la bronchite chronique et les affections catarrhales. A propos de la bronchite tuberculeuse, on a vu plus haut que les sources de
Luchon sont moins excitantes et provoquent moins
l'hémoptysie que celles de Bonnes.

Luchon répond encore à toutes les indications communes des eaux sulfurées : traumatismes anciens,
plaies atoniques, ulcères, paralysies cérébrales, etc.

Enfin les eaux sulfureuses jointes à l'usage des
quatre sources bicarbonatées-ferrugineuses permettent d'aborder le traitement des formes si multipliées de la chlorose et de l'anémie. La métrite
chronique et les affections utérines se trouvent fort
bien de ce traitement complexe, et qui se prête à
tant de nuances.

Marlioz (Savoie). — Les trois sources sulfurées-
sodiques froides, temp. 14°, de Marlioz peuvent être
considérées comme des annexes d'Aix-les-Bains (1),
dont elles ne sont distantes que de quinze minutes.
Dans bien des cas, à l'établissement thermal d'Aix se
fait le traitement externe, à l'établissement de Marlioz, à peu près exclusivement consacré à la buvette
et aux salles d'inhalation, le traitement interne.

(1) Voyez p. 282.

Comme les eaux minérales de Challes et de Gazost, celles de Marlioz sont des sulfurées-sodiques iodo-bromurées, mais iodurées et bromurées d'une façon si faible que M. Bonjean n'a pas dosé ces produits. Quant au sulfure de sodium, la source d'*Esculape* en abandonne 0^{gr}, 067 par litre, avec 6^{cc}, 70 d'acide sulfhydrique libre, un peu d'acide carbonique et de l'azote.

Cette eau sulfurée, très-légèrement iodo-bromurée, est stomachique, tonique et digestive; en augmentant l'activité des fonctions de la digestion, elle devient reconstituante. On l'emploie dans le lymphatisme et la scrofule, les engorgements glandulaires, les inflammations chroniques des articulations, les ulcères, la carie des os; on met à profit ses vertus toniques dans la chlorose et dans certains accidents qui en dépendent : la leucorrhée, les flux muqueux qui lui appartiennent en propre ou qui dérivent plus directement d'un lymphatisme exagéré.

Mais, avec la buvette, ce sont surtout les pratiques d'inhalation que l'on suit dans cette station ; la pulvérisation y est également très-employée. Catarrhe bronchique, surtout chez les scrofuleux, asthme humide, phthisie pulmonaire au premier et au second degré, affections chroniques du larynx et du pharynx : telles sont les applications les plus communes, et qui suffisent à faire comprendre quels autres emplois peuvent recevoir les eaux de Marlioz.

Molitg (Pyrénées-Orientales). Cette station présente dix sources d'une thermalité de 21 à 38°, extrêmement onctueuses, produisant sur la peau une sensation de douceur et de bien-être remarquable. Elles contiennent, d'après Anglada, 0,043 de sulfure de sodium, et sont sursaturées de gaz. Parmi leurs caractères remarquables, il faut citer leur action sédative, la persistance de leur sulfuration, l'influence topique spéciale qu'elles exercent, due à la glairine qu'elles contiennent en abondance.

L'un des deux établissements thermaux de Molitg présente deux buvettes ; mais c'est principalement du bain que l'on use dans cette station. D'ailleurs, l'eau minérale est d'une médiocre digestibilité. Au premier plan des affections traitées par ces eaux, il faut placer les dermatoses dartreuses, puis viennent les rhumatismes chroniques, les engorgements articulaires, les plaies et les ulcères atoniques, les affections utérines. Les affections catarrhales des bronches sont soignées à Molitg comme aux autres sources sulfureuses, mais cette dernière application est loin d'être aussi formelle que celles qui précèdent.

Olette. (Pyrénées-Orientales), représente un autre groupe fort nombreux de sources (une trentaine) sulfurées-sodiques à action sédative, et qui offrent entre elles de grandes nuances, tant dans leur thermalité (de 27° à 78°) que dans leur sulfuration. Les sources les plus froides sont à peine sulfurées, tandis que les plus thermales atteignent à 0,0282 et à 0,0301 de sulfure de sodium.

On administre ces eaux en boisson, en bains et en douches, et on paraît rechercher avant tout leurs propriétés sédatives. Ce sont donc principalement les affections à forme névropathique : rhumatismes nerveux, névralgies rhumatismales, affections dartreuses ou prurigineuses, ou celles qui réclament l'emploi d'une thermalité élevée : rhumatismes chroniques, entorses, luxations et les affections scrofuleuses que l'on rencontre à ces eaux.

La Preste (Pyrénées - Orientales). Dès quatre sources de la Preste, temp. 37° à 44°,5, l'une, celle d'*Apollon*, est plus particulièrement utilisée ; elle n'est pas très-riche en sulfure de sodium 0^{gr},0156 (Roux) et peut être prise à forte dose. Très-digestible, stomachique, diurétique et diaphorétique, on l'emploie dans le catarrhe pulmonaire, les dermatoses sèches et le rhumatisme.

Une autre application remarquable des eaux de

La Preste est contre les affections urinaires, principalement à formes catarrhales, contre la gravelle urique et les coliques néphrétiques. Ces eaux, bien qu'elles contiennent fort peu de soude, de potasse et aussi de chaux, paraissent agir assez sensiblement à la manière des bicarbonatées-sodiques, ou, du moins, elles donnent de bons résultats contre certaines formes de goutte, dans la gravelle, phosphatique et urique. M. Durand-Fardel, qui leur conteste, dans ces cas, une action antidiathésique, admet pourtant qu'elles puissent avoir une action plus profonde que les eaux de Contrexéville ou de Vittel.

Saint-Honoré (Nièvre). Les cinq sources de Saint-Honoré représentent toute la ressource en sulfurées-sodiques du centre de la France. Elles jaillissent à 272 mètres d'altitude, avec des températures variant entre 26° et 31° et alimentent un établissement fort bien installé et pourvu de bains, piscines, douches, buvettes, salle d'inhalation et de pulvérisation.

Ces eaux, qui abandonnent un peu d'acide sulfhydrique et d'acide carbonique libres, contiennent une faible quantité de sulfure alcalin ($0^{gr},003$), des bicarbonates et des silicates à petite dose, un peu d'iodure et de lithine, ainsi que du fer, du manganèse et de la glairine.

Le docteur Allard reconnaissait à ces eaux une

action hyposthénisante dont il plaçait surtout la cause dans le mode d'administration des eaux; il rapprochait leurs effets de ceux obtenus à Bonnes et à Saint-Sauveur. La phthisie pulmonaire, dans ses deux premières périodes, principalement chez les strumeux, et avant elle les catarrhes scrofuleux des bronches et du larynx, voilà des applications communes des eaux de Saint-Honoré. On y rencontre aussi en grand nombre des dermatoses bénignes, des catarrhes vésicaux ou utérins, et les résultats paraissent être d'autant plus certains que les affections dont nous parlons sont sous la dépendance de l'état constitutionnel que nous venons de nommer. La chlorose, les douleurs et les paralysies rhumatismales sont heureusement influencées, la première de ces affections par le traitement sulfureux, et les dernières par la thermalité des eaux.

Saint-Sauveur (Hautes-Pyrénées), parmi les sulfurés-sodiques, présente, dans les applications thérapeutiques, une caractéristique assez tranchée. Ces eaux, qui participent des propriétés de la médication sulfureuse, ce que M. Fabas exprime en les qualifiant de « vulnéraires, détersives, savonneuses, fondantes, antispasmodiques, toniques, diurétiques et dépuratives, » sont surtout *sédatives*, douces et hyposthénisantes.

Ce fait est d'autant plus remarquable que l'eau des cinq sources de Saint-Sauveur est plus sulfurée (*source de Saint-Sauveur*, sulfure de sodium $0^{gr},0218$) que certaines sources de Luchon, par exemple, tout en restant moins excitante. Ces eaux, très-douces, deviennent l'objet de merveilleuses applications chez les femmes faibles, lymphatiques et névropathiques.

La station de Saint-Sauveur, très-agréablement située, altitude 770 mètres, au milieu d'un pays charmant, pourvue de deux établissements, a reçu depuis quelques années des améliorations sans nombre. Les cinq sources présentent des températures graduées entre 19° et 35°. Leurs eaux, assez fortement alcalines, pour des sulfureuses, et contenant une proportion relativement élevée de chlorure de sodium, sont utilisées en boisson, en bains, en douches et sous forme hydrothérapique.

Thérapeutiquement, ces eaux sont susceptibles de recevoir toutes les applications des sulfureuses. Mais leurs remarquables propriétés sédatives font qu'on a davantage insisté sur quelques applications : les maladies des femmes, les maladies nerveuses ou névroses et quelques états intestinaux.

Parmi les maladies des femmes, il faut citer en première ligne les états congestifs et surtout névropathiques de l'utérus. Les granulations, le catarrhe utérin chronique rentrent dans ce même ordre. Le catarrhe intestinal, certaines dyspepsies caractérisées surtout par de l'anorexie et de la langueur, chez des sujets nerveux et plutôt lymphatiques qu'anémiques, les névralgies erratiques viscérales, utérines, intercostales, l'excitabilité nerveuse sous tous ses aspects, forment le fond le plus habituel de la pratique de Saint-Sauveur que, très-volontairement, quelques-médecins de cette station s'efforcent de limiter ainsi.

Le Vernet (Pyrénées-Orientales) est une autre station, altitude 620 mètres, dont les eaux sulfurées-sodiques, sans jouir au même degré de propriétés sédatives que la station qui précède, n'ont encore, lorsqu'elles sont soigneusement administrées, qu'une activité physiologique moyenne. Mais qu'on se montre moins soigneux dans les modes d'administration, et elles deviennent facilement assez fortement excitantes.

Cette station se prête d'autant mieux à toutes les applications de la médication sulfureuse, que l'on y trouve des sources variées en sulfuration et en température (de 18° à 57° 8). En effet, bien qu'il soit à peu près manifeste que les onze sources du Vernet ont une origine commune, on y voit la proportion du sulfure de sodium osciller entre $0^{gr},0129$ (*source Ur-*

sule) et 0, 0593 (*source des Anciens Thermes*). Ces eaux contiennent toutes un peu de chlorure de sodium, des carbonates, du fer, de la glairine et de la barégine, et M. Buron a noté l'iode et le brome dans l'eau de la source du *Torrent*.

Deux établissements très-bien installés et largement pourvus de systèmes de douches de tous genres, de salles d'inhalation et de pulvérisation, des étuves, desservent cette station dont la douceur du climat permet d'instituer une saison d'hiver. Tout y est parfaitement disposé pour cette dernière destination, et les logements y sont maintenus à une température constante au moyen d'une circulation d'eau thermale.

Les rhumatismes, les engorgements ganglionnaires, les plaies ou fistules chez les scrofuleux, les accidents des os et des articulations, ce sont là, avec la syphilis et les dermatoses, des applications communes des eaux du Vernet. Mais un autre ordre d'applications, d'autant plus intéressant que le traitement thermal et climatérique est possible durant tout l'hiver, réside dans les affections chroniques des organes de la respiration, qu'elles soient tuberculeuses ou simplement catarrhales. C'est même le traitement des maladies de ce dernier groupe qui tend de plus en plus à acquérir toute la prépondérance au Vernet.

BARRAULT, Eaux min.   16

Le nombre des stations sulfurées-sodiques qui appartiennent à l'Allemagne se réduit à deux : *Meinberg* et *Mingolsheim*. Toutes deux sont froides.

MEINBERG (principauté de Lippe-Detmold), dans le voisinage de Pyrmont, au milieu d'un pays assez attrayant, présente des sources froides dont l'une (*source Sulfureuse*) est dite sulfurée-sodique, bien que, en réalité, elle ne contienne que 0^{gr},008 de sulfure de sodium contre plus de 2 gr. de sulfates divers au milieu desquels domine le sulfate de chaux (1^{gr}, 033). Cette même source abandonne encore 0^{lit},021 d'acide sulfhydrique libre et 0^{lit},081 d'acide carbonique.

Il nous faut parler encore des autres sources non sulfureuses, qui existent à proximité de celle qui précède, pour pouvoir exposer le mode de traitement suivi à Meinberg. L'une, *source Chlorurée*, contient 5^{gr}, 078 de chlorure de sodium, plus de 3 gr. de sulfates de soudes et de chaux et 0^{lit},370 d'acide carbonique. Une autre, *source Ancienne*, infiniment moins minéralisée (total 0^{gr},425) donne 0, 003 en sulfure de sodium et n'est guère remarquable que par l'abondance de son acide carbonique (1^{lit}, 310). Enfin, ni l'une ni l'autre de ces deux sources ne laisse dégager d'acide sulfhydrique.

Cette station, d'après son analyse chimique, a

donc presque autant de titres à être qualifiée de sulfatée mixte que de sulfurée sodique ; en outre, ainsi
qu'on le va voir, on y suit des pratiques assez spéciales et qui sont quelque peu différentes de la médication présentée par nos sulfurées.

Au témoignage de Graefe, à part la source sulfureuse, il n'est même pas possible de découvrir dans
les autres traces d'acide sulfhydrique : elles sont seulement remarquables par l'énorme quantité d'acide
carbonique qu'elles laissent dégager. Or, c'est surtout sur l'emploi de ce dernier gaz qu'est basée la
cure. On le donne en bains et en douches, en forçant
l'eau à se briser en une infinité de petits jets au moment où elle vient frapper le corps du malade dans
sa baignoire.

Pour l'eau de la source sulfureuse, on l'emploie
aussi en bains ; mais, dans les maladies des voies
aériennes, on la met fréquemment en usage sous
forme d'inhalations sèches ou humides.

Ainsi, à Meinberg, on recourt à une double action : effets stimulants de l'acide carbonique sur la
peau ; effets modificateurs de l'hydrogène sulfuré
sur les muqueuses et sur l'enveloppe cutanée
externe. Au moyen de la source chlorurée et de
l'acide carbonique, on traite plus spécialement les
affections lymphatiques et scrofuleuses, la chlorose

et l'anémie. On dirlge encore les effets de la source sulfureuse contre ces mêmes affections ; mais la principale destination de celle-ci est contre les affections catarrhales du poumon et des bronches. Sans nier, en aucune façon, ce que cette pratique, assez complexe, peut avoir d'utile et même d'effectif pour le traitement , nous ne voyons pas qu'il y ait là de quoi surpasser en importance n'importe laquelle des sources sulfurées françaises que nous venons de faire connaître.

MINGOLSHEIM (bailliage de Bruchsal, grand-duché de Bade) est une autre source froide. On la range parmi les sulfurées-sodiques, bien que l'analyse chimique, déjà ancienne, qui en a été donnée par Salzer soit très-imparfaite et laisse quelques doutes sur l'exactitude d'une telle place dans la classification.

Le chimiste inscrit, en effet, dans son tableau du sulfate de soude, des carbonates, du chlorure de sodium en quantité extrêmement minime, des « sulfures » 0,023, sans autre désignation, et parmi les gaz : hydrogène sulfuré 283 cent. cubes, gaz acide carbonique 189 cent. cubes.

Si nous passons aux applications médicales, qui sont faites de ces eaux, nous y voyons au premier rang les maladies de la peau, et les affections rhumatismales.

L'usage de cette station ne remonte pas bien loin dans le passé et n'est encore qu'assez peu répandu.

En somme, nous n'avons cité ces deux stations allemandes que pour échapper à l'obligation de nous taire absolument à propos de toute une classe d'eaux qui n'a guère de représentants chez nos voisins. Heureusement pour eux, ils se trouvent mieux pourvus, bien qu'avec une infériorité assez relative, dans la division qui suit.

2° EAUX SULFURÉES-CALCIQUES.

SOURCES FRANÇAISES.	SOURCES ALLEMANDES.
Aix-les-Bains (Savoie).	Hechingen.
Allevard.	Langensalza.
Bagnères-de-Bigorre.	Nenndorf.
Brides.	Neumarkt.
La Caille.	Rosenheim.
Cambo.	Sirona.
Castera-Verduzan.	Tennstadt.
Échaillon.	Valdorf.
Enghien.	
Euzet.	
Gamarde.	
Gréoulx.	
Guillon.	
Montmirail.	
Pierrefonds.	
Saint-Loubouer.	
Visos.	

Aix-les-Bains (Savoie). On a agité la question de savoir si cette station devait être rangée parmi les sulfurées-calciques ou, au contraire, si elle n'appartiendrait pas à la classe des sulfurées-sodiques. M. Fontan tient pour la première de ces opinions, M. Filhol, de son côté, défend la seconde. Cette discussion n'a que peu d'importance au point de vue pratique.

La station d'Aix, placée aux confins de la France,

sur les frontières de l'Italie et de la Suisse, dans un pays très-pittoresque et sous un climat très-salubre, à 258 mètres d'altitude, est une très-antique ville de bains. Fort prisée des Romains, *Aquæ Gratianæ*, elle présentait déjà, en 1773, un établissement considérable. Une nouvelle installation, créée depuis quelques années, atteint à une rare perfection : bassins de natation, piscines, baignoires, buvettes, douches de tout genre et de toute force, bains de vapeur ou *enfers*, salle d'inhalation, masseurs et masseuses fort habiles, cet établissement présente toutes les conditions d'un traitement thermal externe on ne peut plus complet. On y met principalement à profit la haute thermalité des eaux. La source sulfurée-sodique de Marlioz, qui n'est distante que d'un kilomètre, vient, dans beaucoup de cas, aider au traitement interne.

Des deux sources d'Aix, de 43° à 45° de température, l'une porte le nom d'*eau de soufre*, l'autre d'*eau d'alun*.

En réalité, l'une et l'autre est sulfureuse : la première abandonne 0^{gr},0414 d'acide sulfhydrique libre et 0,0257 d'acide carbonique. Elles contiennent des sulfates, principalement de soude et de chaux, un peu de chlorures, du fer, des traces d'iode et de la glairine. Mais c'est moins sur ces effets médicamenteux, dus à la minéralisation des eaux, que sur l'influence du traitement externe et de l'hydrothérapie thermale que l'on compte à Aix.

Quant aux applications thérapeutiques des eaux de cette station, elles sont assez étendues. Nous ne signalerons que les principales : affections rhumatismales, dermatoses, accidents consécutifs de la syphilis, paralysies indépendantes d'une lésion organique des centres nerveux, névroses, et névropathies, traumatismes, lymphatisme et scrofule, principalement dans leurs manifestations sur la peau ou sur les muqueuses. Il faut joindre à cela toutes les applications qui appartiennent en propre à la station si rapprochée de Marlioz (1), puisque, à vrai dire, ces deux établissements n'en doivent former qu'un seul aux yeux des malades et du médecin.

Allevard (Isère) n'a qu'une source sulfurée-calcique, mais assez riche en principes sulfureux (acide sulfhydrique libre 24^{cc},75) , abondante en sulfates (— de soude 1^{gr},211, — de magnésie 1,065), avec 0,503 de chlorure de sodium et un peu de glairine. Sa thermalité est de 24°,3.

La situation de cette station est fort heureuse et la contrée avoisinante très-pittoresque. L'installation de l'établissement a été disposée principalement en vue

(1) Voyez ce nom aux sulfurées-sodiques, p. 269.

du traitement des maladies de l'appareil respiratoire, catarrhales ou tuberculeuses. On y emploie beaucoup les inhalations, qui se font de deux façons. Par l'une, on fait respirer des vapeurs sulfureuses chaudes (catarrhes bronchiques sans expectoration, phthisie au premier degré, toux sèche, asthme sec, laryngite); par l'autre, on fait inhaler, à la température native, les gaz des eaux (affections avec expectoration abondante). La situation géographique d'Allevard, au milieu de contrées peu dotées en sources sulfureuses, ne donne que plus de prix à ces applications.

Outre le traitement des affections catarrhales et tuberculeuses de la poitrine, la station qui nous occupe s'adresse encore à la scrofule, au lymphatisme, à diverses dermatoses liées à ces deux derniers états constitutionnels, enfin à toutes les applications dites communes des eaux sulfureuses. M. Niepce, qui a rapproché l'action des eaux d'Allevard de celle de Bonnes, assure que ces eaux ont des effets très-prompts sur la peau sur laquelle elles produisent facilement les éruptions, qu'on désigne du nom de *poussées* en hydrologie médicale. A Allevard, comme en Suisse et dans une partie de l'Allemagne, on emploie fréquemment les bains de *petit-lait*.

Bagnères-de-Bigorre (Hautes-Pyrenées) repré-

sente tout un petit monde thermal : sources extrêmement nombreuses, variées par leur minéralisation
(1° *sulfurées-calciques*, 2° sulfatées-calciques, 3° ferru-
gineuses-sulfatées, 4° ferrugineuses-bicarbonatées),
très-diverses par leur température, de 13° à 51° cent.,
utilisées dans une quinzaine d'établissements thermaux, dont l'un d'eux, le Grand-Établissement, appartient à la ville ; on y rencontre, sans parler des
propriétés qui dépendent de la minéralisation des
eaux, la réunion la plus complète des moyens de l'hydrothérapie minérale. Tout le monde a entendu
parler des charmes du pays de Bigorre ; la douceur
du climat est telle qu'on voit, chaque année, bon
nombre d'étrangers, particulièrement des Anglais,
hiverner dans ces parages. L'altitude de Bagnères
est de 567 mètres.

En présence de la profusion de ressources, soit
hydrominérales, soit balnéothérapiques, que possède cette station, il nous faut limiter plus particulièrement la présente notice aux sources sulfureuses.

L'une, source de *Pinac*, très-nettement sulfurée-calcique, à 18°,7 de température, alimente six bains et
deux buvettes. La source de *Labassère*, extrêmement
connue par suite de l'extension de l'exportation dont
ses eaux sont l'objet, froide (13°,8) et située à quel-

que distance de Bagnères (12 kilomètres), a été rangée par MM. Filhol et Poggiale parmi les sulfurées-sodiques. Elle donne par litre 0^{gr},0464 de sulfure de sodium, des traces de fer, de cuivre, de manganèse et d'iode; elle est usitée pour la boisson.

Outre les sources sulfureuses, Bagnères possède des eaux ferrugineuses et point sulfureuses, de 31° à 35° (*Foulon, Salut*), dont l'action est très-sédative ; — d'autres sources ferrugineuses et sulfatées qui sont assez excitantes (la *Reine, Dauphin, Cazaux*) ; — d'autres enfin qui sont laxatives (la *Reine, Lasserre*).

Le grand nombre des sources, la variété de leur minéralisation, de leur température et de leur action physiologique permettent, on le conçoit, d'atteindre à des applications très-multipliées : médication sédative que l'on peut rendre en même temps tonique par l'emploi des eaux ferrugineuses; médication stimulante et tonique, et enfin médication sulfureuse. Mais, si ce sont bien là les trois types principaux, il est aisé de s'expliquer combien sont nombreuses les nuances intermédiaires.

Comme applications générales on a donc, d'une part, l'anémie, la chlorose, l'atonie, l'état nerveux, et tous les troubles qui se rattachent à ces états : les névropathies, les affections des organes génito-uri-

naires. Puis, d'autre part, les dermatoses, les rhumatismes, la constipation, les troubles de l'appareil
digestif, etc... Enfin viennent les applications qui
sont plus particulièrement propres aux eaux sulfureuses et qui, pour la source de Labassère, se rapportent principalement aux affections chroniques
de l'appareil respiratoire.

Brides (Savoie). Source thermale à 36°, contenant
de l'acide sulfhydrique, assez fortement sulfatée
mixte (1) et chlorurée (sulfate de soude 1 ^{gr}, 329,
— de chaux 2,251, chlorure de sodium 1,842 ; total
des sels 6^{gr},638). Purgative au delà de quatre verres. Les principales applications sont : l'anémie, la
chlorose, la dysménorrhée, la leucorrhée, les scrofulides des muqueuses, les dermatoses à forme nerveuse et certaines affections utérines.

Le nombre des eaux laxatives ou purgatives pos-
sédées par notre pays est assez restreint, pour
que nous n'omettions pas d'appeler l'attention sur
l'action assez spéciale que possède la source de
Brides.

La Caille (Savoie). A quatre lieues de Genève,
dans un pays très-accidenté, coulent deux sources
sulfurées-calciques, présentant entre elles une grande

____

(1) Précédemment examinée déjà avec les eaux de cette
classe.

analogie de composition. M. P. Morin y a noté : acide sulfhydrique 4ᶜᶜ,64, sulfure de calcium 0,0052, un peu de glairine.

Ces eaux sont préconisées dans les affections lymphatiques, contre les rhumatismes et les dermatoses chez les strumeux et les sujets à chairs molles et flasques.

Cambo (Basses-Pyrénées). On y exploite deux sources, l'une sulfureuse (temp. 23°) et l'autre ferrugineuse-bicarbonatée (15°).

La source sulfureuse abandonne 0,004 d'acide sulfhydrique, et elle contient un peu moins de 2 grammes de sulfates calcique et magnésique. C'est par la réduction du sulfate de chaux que certains auteurs expliquent la formation du sulfure.

La source ferrugineuse donne à l'analyse 0ᵍʳ,05 de carbonate de fer.

A Cambo on traite principalement les scrofules, les catarrhes, les ulcères atoniques, les dermatoses. Dans bien des circonstances, l'adjonction de l'eau ferrugineuse devient une précieuse ressource.

Castera-Verduzan (Gers). Deux sources : une sulfurée-calcique à 25° (acide sulfhydrique 0ᵍʳ,0003, sulfure de calcium 0,0006); la seconde ferrugineuse (carbonate de fer 0ᵍʳ,027, avec traces de manganèse, d'iode et d'arsenic).

Mêmes pratiques qu'à Cambo, mais il faut noter que la source sulfureuse est encore moins minéralisée.

Échaillon (Isère). Une source à 19°, assez faiblement sulfurée-calcique (acide sulfhydrique $0^{gr},0653$, sulfure et hyposulfites calcaires, fer et manganèse 0,015), mais qui se distingue par la présence de l'iode et du brome. M. O. Henry, qui a signalé ces deux derniers corps, a négligé de les doser.

Applications des eaux sulfureuses-iodurées : en première ligne, les manifestations cutanées et muqueuses de la scrofule et du lymphatisme.

Enghien (Seine-et-Oise). Par sa proximité de Paris, les charmes du séjour, l'excellente installation hydro-thermale, les cinq sources sulfurées-calciques froides (temp. 10 à 14°) de cette station ont pris une importance que l'on ne peut que s'étonner de ne pas voir plus considérable encore. Ce dernier fait tire peut-être une partie de sa raison d'être, de l'absence de l'influence climatérique, pour un certain nombre de malades de Paris et du Nord.

Les cinq sources d'Enghien sont uniquement minéralisées par de l'acide sulfhydrique libre (de Puisaye et Lecomte); ce gaz s'y rencontre depuis $0^{gr},0156$ (source *Péligot*) jusqu'à 0,0462 (source de la *Pêcherie*).

D'après les mêmes auteurs, la médication peut être : 1° stimulante, 2° perturbatrice, 3° révulsive, 4° modificatrice, 5° tonique, 6° adjuvante, autrement dit, elle peut répondre à des indications fort variées, en modifiant les modes d'emploi. Elle consiste en boisson, bains, douches, inhalations et pulvérisation.

Elle s'adresse aux diathèses scrofuleuse, tuberculeuse, syphilitique, herpétique et rhumatismale, mais non à toutes également. Le rhumatisme s'accommoderait mieux d'eaux nativement thermales ; cette même condition et une minéralisation plus élevée conviendraient davantage au lymphatisme et à la scrofule. L'indication des eaux sulfureuses dans la syphilis est bornée, on le sait. La principale indication des eaux d'Enghien reste donc être dans les affections catarrhales et tuberculeuses, les affections chroniques de la gorge et du larynx, le catarrhe utérin et les métrites chroniques et dans les dermatoses vésiculeuses et pustuleuses.

Pour la phthisie pulmonaire, il ne faut pas oublier que l'eau d'Enghien est excitante ; on doit donc l'employer à faible dose, de préférence dans la deuxième période ou de ramollissement, et y renoncer dès l'apparition des sueurs profuses et de la diarrhée colliquative.

Euzet (Gard). Quatre sources sulfuro-bitumineuses, dont trois seulement ont été bien étudiées par M. Auphan. M. O. Henry a donné l'analyse de deux d'entre elles. Source *Lavalette:* acide sulfhydrique $0^{gr},0047$, sulfates de chaux, de soude et de magnésie 2,151. Ces eaux contiennent une proportion de bitume assez considérable pour leur donner une odeur et une saveur caractéristiques. Tempér. 13 à 18°.

Boisson, en quantité peut-être trop considérable, bains et douches. La dyspepsie muqueuse et flatulente, la gastralgie, les affections dartreuses ou herpétiques sèches, papuleuses et squameuses, lichen, psoriasis, prurigo, les affections catarrhales des bronches, et peut-être tuberculeuses du poumon : telles sont les principales indications d'Euzet. Mais il faut avertir, et nous pourrions rappeler un exemple extrêmement regrettable, que l'influence de ce climat n'est pas sans inconvénient.

Gamarde (Landes). Trois sources à 15°, établissement de peu d'importance, affections chroniques des voies digestives et pulmonaires, dermatoses.

L'eau minérale contient 0,168 d'acide sulfhydrique et 0,100 d'acide carbonique.

Gréoulx (Basses-Alpes). Cette station, qui paraît avoir été connue des Romains, est très-digne d'in-

térêt. On y trouve deux sources assez fortement sulfureuses (sulfure de calcium $0^{gr},050$), relativement
riches en chlorure de sodium (1,541), chargées
d'iodure et de bromure (0,064), laissant déposer de
la glairine et de la barégine, et présentant les températures de 23° et de 38°,7.

L'établissement, bien installé, possède une vaste
piscine, avec des douches fortes, des bains, des étuves
et des bains de vapeurs minérales. La douceur du
climat dont jouit cette station permet d'y prolonger
le traitement pendant l'automne.

Par leur thermalité, les eaux de Gréoulx s'adaptent
très-bien au traitement des rhumatismes et des névralgies; leur calorique, joint à la minéralisation,
leur assure une certaine efficacité contre les scrofulides externes, les dermatoses, les affections catarrhales des bronches ou de l'utérus. On les utilise, dans
une grande proportion, contre les plaies anciennes et
les ulcères.

Guillon (Doubs). Une source sulfurée-calcique
froide, temp. 13° (acide sulfhydrique $20^{cc},252$, acide
carbonique 21,320).

L'établissement est assez complet, boisson et
bains ; bonne installation hydrothérapique, bains
russes dont on use avec avantage contre les névralgies
rebelles, les raideurs articulaires, les maladies de

la peau et certains états syphilitiques invétérés.

Montmirail (Vaucluse). Une source sulfurée-calcique à 16°. Nous l'avons déjà signalée en traitant des sulfatées mixtes (1). Dermatoses, affections catarrhales, etc.

Pierrefonds (Oise). Cette station n'est pas sans analogie avec celle d'Enghien, dont elle est voisine. Elle est située sur la lisière de la forêt de Compiègne. La source sulfurée calcique froide (temp. 12°), qui y jaillit, donne $0^{gr},0022$ d'acide sulfhydrique libre ; les bases principales sont la soude et la chaux. Ces eaux sont employées en boisson, en bains, en douches, et surtout sous forme d'eau pulvérisée. C'est, en effet, de Pierrefonds que sont parties l'invention et la première application de la pulvérisation.

A côté de la source sulfureuse coule une autre source ferrugineuse-bicarbonatée (bicarbonate de fer avec crénate $0^{gr},139$, arséniate de fer, traces sensibles) à la température de 10°, dont l'association avec l'eau sulfureuse peut être souvent d'un bon secours.

Les eaux de Pierrefonds représentent une médication sulfureuse douce et peu excitante ; elles s'adressent à peu près aux mêmes applications que celles d'Enghien : dermatoses, engorgements abdo-

(1) Voyez aux eaux de cette dernière classe, page 23S.

minaux, affections des muquéuses, rhumastimes. Mais
M. Sales-Girons a fait des maladies chroniques de
l'appareil respiratoire, catarrhales ou tuberculeuses,
des affections chroniques du larynx ou de la gorge,
leurs principales indications. C'est pour ces cas qu'il
préconise l'emploi de l'inhalation et des douches
d'eau minérale poudroyée en brouillards plus ou
moins denses ou à l'état d'extrême ténuité et semblables à de la fumée.

Saint-Loubouer (Landes). Établissement modeste
desservant trois sources sulfurées-calciques de
16° à 19° degrés. Les eaux contiennent de 0^{gr},0034
(source de la *Grande-Maison*) à 0,0076 (source *Ni-
colas*) de sulfure de calcium par litre.

Les eaux sont employées en boisson, en bains et
en douches contre les rhumatismes, la bronchite
chronique et diverses dermatoses.

Visos (Hautes-Pyrenées). L'analyse de cette source
aurait besoin d'être reprise ; suivant M. Filhol, l'eau
serait minéralisée par du sulfure de sodium et ne
devrait par conséquent pas figurer dans cette division. Bérard, qui, avec l'acide sulfhydrique, qu'il n'a
pas dosé, la range parmi les sulfurées-calciques, a
noté également la présence de barégine mêlée de
bitume.

La source de Visos n'a pas atteint une grande extension. Située à très-peu de distance de Baréges, elle a été écrasée, sans doute, par la grande réputation de cette station, ainsi que par celle de Saint-Sauveur, qui n'est éloigné que de 3 kilomètres de Visos. Ces eaux jouissent pourtant d'une renommée méritée pour modifier les ulcères, les plaies et en amener la cicatrisation.

En regard des sources françaises, nous allons signaler, avec leurs indications thérapeutiques les plus intéressantes, les plus connues des sulfurées-calciques de l'Allemagne. Parmi celles-ci nous ne rencontrerons aucun nom qui ait atteint, dans notre pays, le degré de notoriété auquel sont parvenues quelques sources d'autres classes, les sources chlorurées-sodiques, par exemple. Cela tient certainement à ce que, sous le rapport des eaux sulfurées, la France présente une richesse incomparable. Mais avec notre goût pour les productions exotiques, cette raison n'aurait très-probablement pas été suffisante, sans l'extrême infériorité des eaux similaires d'outre-Rhin.

HECHINGEN (Prusse) présente deux sources sulfurées-calciques à 12° ayant une composition identique. Elles sont à base de soude et de chaux ; Gmelin y a évalué l'hydrogène sulfuré à 0,056 du volume ; il a également noté la présence de l'iode.

Ces eaux sont surtout utilisées en boisson. Leur principale indication paraît résider dans le traitement des maladies de la peau.

Langensalza (Prusse). L'eau de cette source est plus riche en hydrogène sulfuré (149^{cc}) et en sulfate de chaux (1^{gr}, 338). Elle est également froide, temp. 13°.

L'établissement qui dessert cette station est bien installé, le bain y est très-usité. On emploie ces eaux dans les rhumatismes, les maladies de la peau et certaines paralysies.

Nenndorf (principauté de Hesse). Les eaux de cette station sont des plus suivies et aussi des plus intéressantes de toutes les sulfurées-calciques qui appartiennent à l'Allemagne.

Il y a à Nenndorf trois sources froides, 12°, dont on utilise également les eaux et les boues assez abondantes qu'elles laissent déposer. Toutes trois sont riches en acide carbonique de 173^{cc}, à 293^{cc} par litre.

L'une des sources, la *Trinkquelle*, est utilisée en boisson, elle donne 42^{cc} d'acide sulfhydrique. Les deux autres servent pour les bains et elles ont respectivement 15^{cc} et 141^{cc} du même gaz, par litre.

La station de Nenndorf répond au traitement des affections catarrhales et tuberculeuses des voies

aériennes. On y use beaucoup des inhalations
gazeuses, sèches ou humides, pratiquées d'après un
procédé à peu près identique à celui qui est employé
à Saint-Honoré. Il faut noter que le climat de cette
station est fort inconstant. Les eaux et les boues servent pour le traitement des arthrites chroniques, des
rhumatismes, des dermatoses et des paralysies.

Neumarkt (Bavière) possède plusieurs sources
identiques de composition d'après l'analyse de Vogel.
Elles contiennent 21^{cc} d'acide sulfhydrique et un
peu plus d'un centigramme de fer.

L'eau des sources de Neumarkt est utilisée dans des
conditions peu ordinaires. On la transporte dans les
localités voisines, pour la boisson et pour le bain, et
on l'emploie contre les rhumatismes, quelques formes
de dyspepsie, diverses dermatoses et paralysies.

Rosenheim (haute Bavière) jouit d'une certaine
réputation, moins sans doute pour sa source sulfurée-calcique, qui ne contient que 4^{cc}, 4 d'hydrogène
sulfurée, que pour l'ensemble de la médication plus
complexe qu'on y suit. En effet, on y fait un très-
grand usage d'eaux mères des salines dans lesquelles
on fait intervenir l'eau de la source légèrement sulfureuse. On s'y soumet aussi à des cures de petit-
lait.

Sirona (Hesse), que plus souvent encore on appelle *Sironabad*, quand il s'agit des eaux, est une station qui possède un établissement bien installé.

L'eau de la source est froide, également médiocrement sulfhydriquée, 41^{cc}, aussi sa destination principale est-elle l'usage externe, et ses applications prépondérantes les manifestations rhumatismales et les dermatoses.

Tennstädt (Saxe). Nous aurions pu traiter de cette source avec la station de Langensalza dont elle est extrêmement rapprochée. Les applications thérapeutiques de ces eaux sont les mêmes.

Tennstädt l'emporte d'une cinquantaine de centimètres cubes sur Langensalza par sa richesse en acide sulfhydrique ; d'autre part, l'eau de la première de ces stations, dépourvue de sulfate de chaux, n'a guère que 350 centigr. de sulfate de soude et de magnésie. Sa température est de 12 degrés.

Valdorf (Westphalie) est la plus riche de toutes les sources allemandes sulfurées-calciques que nous avons eues à examiner. Des trois sources froides, 11°, de Valdorf, l'une contient jusqu'à près de 600^{cc} d'acide sulfhydrique. Les autres principes qui minéralisent ces eaux n'ont guère d'importance, soit par suite de leur trop faible dose, soit à cause de leur inertie thérapeutique.

Les eaux de Valdorf sont principalement usitées

en traitement externe contre les maladies de la peau et les affections rhumatismales.

En somme, dans les diverses sources allemandes de cette classe que nous venons de passer en revue, nous n'avons rencontré, à l'exception de Nenndorf, que les applications communes des eaux sulfureuses. Ce fait, par lui seul, suffirait à faire sentir la nuance très-tranchée qui existe entre les sources des deux pays que les révélations de l'analyse chimique contraignent à ranger dans la même classe.

VIII

EAUX FERRUGINEUSES

On a formé une classe à part des eaux minéralisées par le fer. Mais il n'y faut faire rentrer que celles
dans lesquelles cet agent thérapeutique prend indu-
bitablement le rôle prédominant. En effet, ce métal
se trouve répandu avec une telle profusion dans le
le sol, qu'il n'est guère d'eau qui n'en présente au
moins des traces. Au fond, les eaux médicinales ferrugineuses ne sont que des carbonatées-sodiques-
calciques ou mixtes, si faiblement minéralisées
qu'elles sont absolument indifférentes, à part le
principe martial.

Les eaux ferrugineuses sont froides, plus ou moins
chargées d'acide carbonique, à l'exception des sul-
fatées-ferrugineuses qui ne présentent pas ce dernier
gaz.

Le composé ferreux qui minéralise le plus grand nombre des eaux de cette classe est le bicarbonate de protoxyde de fer; quelques autres, moins nombreuses, offrent du sulfate de fer et du crénate du même métal. Les acides crénique et apocrénique sont, on le sait, des dérivés de la décomposition des substances végétales. Quelques autres eaux présentent le fer combiné à l'arsenic : arsénite et arséniate de fer.

Certaines eaux, enfin, offrent le manganèse à côté du fer. On en a fait une division à part sous le nom d'eaux manganésiennes. Ces dernières sont d'ailleurs peu nombreuses et nous nous bornerons à citer, en France : Luxeuil, Cransac et le Crol.

On peut donc admettre quatre sous-classes d'eaux ferrugineuses : 1° *eaux bicarbonatées*, les plus nombreuses et les plus intéressantes en France comme en Allemagne; 2° *eaux crénatées*, peu nombreuses; 3° *eaux sulfatées*, elles n'ont guère d'importance dans aucun des deux pays ; 4° *eaux manganésiennes*.

Le nombre des sources ferrugineuses est immense; le *Dictionnaire général des eaux minérales* en mentionne 407 comme dignes d'être exploitées, se répartissant ainsi d'après leur nature : bicarbonatées 369; sulfatées 36 ; manganésiennes 2 (1). Mais il est

(1) Le nombre des sources contenant du manganèse est, en

bien d'autres sources encore, dont on a négligé de s'occuper jusqu'ici. Il n'est pas de département qui n'en possède plusieurs.

Sous le seul rapport du nombre des sources, et comparativement à l'Allemagne, l'avantage serait tout entier à la France qui, sur les 407 stations notées, en possède 194, la région au delà du Rhin n'en comptant que 92. Mais cette richesse de notre pays n'est que relative, puisque, au milieu de cette multitude de sources, nous n'en trouvons, en réalité, qu'un assez petit nombre qui aient été bien étudiées, et qui, par suite, présentent un réel intérêt comme eaux martiales. L'Allemagne, même dans son groupe plus restreint, se trouve avoir un nombre de sources ferrugineuses plus considérable que le nôtre, au point de vue de la valeur thérapeutique et surtout à celui de la réputation acquise. Cet avantage n'est pourtant pas tel que nous ne puissions suffir à toutes les indications avec les ressources que nous avons en notre possession. D'ailleurs, il est nécessaire de s'expliquer sur cette forme de la médication ferrugineuse et sur l'action physiologique et organoleptique des eaux martiales.

Au goût, ces eaux déterminent une saveur stypti-

réalité, plus considérable que ne le ferait supposer cette notation.

que atramentaire qui rappelle celle de l'encre. Mélangées au vin, elles lui communiquent une couleur noire due à la formation d'un tannate de fer. Si l'acide carbonique est abondant dans l'eau minérale, le goût atramentaire n'est perçu que quelques instants après la déglutition du liquide.

On n'emploie guère les eaux minérales ferrugineuses transportées qu'en boisson. Aux sources, c'est encore ce même usage qui domine. Auprès de quelques stations, on fait pourtant un assez grand usage des bains ; cette pratique n'offre pas d'avantages bien accusés ; il est douteux que la qualité ferrugineuse des eaux ajoute quelque chose à leur action sur la peau. C'est le côté hydrothérapique et les pratiques puissantes de cette branche de l'art de guérir qu'il faut rechercher avec plus de soin qu'on ne le fait en général. Il faut viser à la médication tonique et reconstituante, dont la boisson ferrugineuse n'est qu'une des conditions.

A l'intérieur, les eaux ferrugineuses, surtout lorsqu'elles sont chargées d'acide carbonique, excitent l'appétit, stimulent l'appareil digestif, rendent la digestion plus facile, l'assimilation plus sûre en même temps qu'elles abandonnent à l'absorption une quantité de fer qui, pour être petite, n'en est pas moins très-importante, car elle est plus facilement absorbable que le fer des préparations ordinaires de la pharmacie.

C'est donc moins dans le composé de fer lui-même que dans l'ensemble des conditions que nous venons d'indiquer que résident les avantages des eaux ferrugineuses. Du reste, la proportion de fer contenue dans ces agents est loin d'être considérable. Il est presque exceptionnel qu'elle dépasse 5 centigrammes, non de fer, mais de sels ferreux, par litre. Il est même commun de la voir rester au-dessous de ce poids, de 2 à 5 centigrammes.

S'il est des cas, comme dans l'anémie accidentelle et dans les chloroses légères, où l'on doit s'attacher à faire pénétrer le plus rapidement possible dans le sang, le fer qui lui fait défaut, il en est d'autres, chloroses invétérées, certaines dyspepsies avec défaut d'assimilation, où il faudra bien plutôt s'efforcer de modifier, par l'usage d'eaux ferrugineuses bien choisies, l'état languissant de la fonction. Dans les cas de cette dernière espèce, il devra certainement moins s'agir de présenter du fer à l'économie que de trouver un modificateur à celle-ci. Ici, du reste, et pour toutes les indications des eaux ferrugineuses, nous nous trouvons en présence de toutes les nuances si délicates que rencontre le thérapeutiste pour l'emploi de la médication tonique et martiale.

Ce qui doit faire surtout rechercher l'emploi des eaux ferrugineuses aux sources, ce sont les conditions générales dans lesquelles se fait la cure : changement de climat, d'air, de régime, d'habitudes, d'influences intellectuelles et affectives ; avec ces influences, il faut faire intervenir l'hydrothérapie, surtout l'hydrothérapie marine, toutes les fois que cela sera possible, comme moyen de consolider la guérison. Il n'est personne qui ne saisisse combien peut être puissante la réunion de ces diverses influences, et qui, malgré leur apparente complexité, ne puisse faire la part de chacune d'elles ; nous n'insistons donc pas.

1° EAUX FERRUGINEUSES-BICARBONATÉES

SOURCES FRANÇAISES.	SOURCES ALLEMANDES.
Andabre.	Antogast.
Bussang.	Bocklet.
Orezza.	Schwalbach.
La Bauche.	Pyrmont.
Couzan.	Rippoldsau.
Barbotan.	
Chateldon.	
Chabetout.	
Chateauneuf.	
Moudang.	
Charbonnières.	
Saint-Pardoux.	
Saint-Alban.	
Soultzbach.	

En présence du nombre véritablement énorme des sources de cette espèce, nous ne pouvons même pas entreprendre une simple énumération. Elle serait, d'ailleurs, sans utilité. Nous nous bornons donc à faire connaître les sources d'un intérêt réel; du reste, bon nombre parmi les autres, ne reçoivent guère qu'une utilisation locale ; enfin tout un groupe nombreux est à peine exploité.

En tête des ferrugineuses-bicarbonatées françaises on peut placer Bussang (Vosges), Orezza (Corse), la Bauche (Savoie), St-Alban (Loire), Barbotan (Gers), Chateldon (Puy-de-Dôme), St-Pardoux (Allier), puis quelques autres sources que nous aurons encore à signaler.

Bussang (Vosges) a une source à 13°. Sa minéralisation totale donne 1^{gr},486 de sels, parmi lesquels les carbonates ont une grande supériorité. Le carbonate de fer y figure pour 0,017 ; il y a en outre du crénate de fer avec des traces de manganèse et de chlorure de sodium ; de l'acide carbonique libre 0^{lit},41. Les principales indications de ces eaux sont la dyspepsie, la gastralgie et la chlorose. Elles représentent une excellente eau de table et sont l'objet d'une très-grande exportation.

Un médecin qui a pris une importante place en hydrologie par son savoir, M. Garrigou, insiste principalement sur leur valeur médicinale. A ses yeux, Bussang représente une des plus grandes ressources de la France comme eaux ferrugineuses, et la confiance qu'il place dans cette source est si grande, qu'il ne craint pas d'écrire le conseil suivant : « qu'on se presse de faire de cette eau minérale une rivale de Schawlbach et de Rippoldsau. »

Orezza (Corse), source à 15°, fréquentée et surtout exportée en très-grande quantité. Moins minéralisée que la précédente (0,849), elle est plus riche en carbonate de fer 0,129, avec des traces de manganèse, d'acide arsénique et de lithine. Le total de l'acide carbonique libre et combiné est de $1^{lit},248$ (Poggiale). Ces eaux répondent bien à toutes les indications de la médication ferrugineuse ; chlorose, leucorrhée, engorgements abdominaux, etc.

La Bauche (Savoie). Cette source n'a aucune prétention à l'antiquité ; tout au contraire, sa découverte toute récente, en 1862, et la réputation qu'elle s'est acquise, en moins de dix ans, témoignent assez de sa valeur médicale. L'eau de la Bauche est une protoferrée, bicarbonatée et crénatée. Elle est d'une rare digestibilité et les sels ferreux y sont dans une dissolution parfaite. Elle abandonne par litre : bicarbonate de protoxyde de fer $0^{gr},142$, bicarbonate de manganèse, $0^{gr},003$, crénate de protoxyde de de fer, $0^{gr},030$, plus, des traces de chlorure de sodium, d'iodure alcalin et, parmi les gaz, $0^{gr},035$ d'acide carbonique libre, de l'air dissous et des traces d'hydrogène sulfuré.

Située dans une des parties les plus pittoresques de la Savoie, à 500 mètres d'altitude, cette station offre, en outre, des conditions très-dignes d'être appréciées par les malades. On y trouve, en effet, avec un air tonique et reconstituant, en harmonie avec la médication ferrugineuse et hydrothérapique que l'on y peut suivre, une grande partie des avantages des climats de montagnes.

Quant aux applications thérapeutiques à donner aux eaux de la Bauche, ce sont toutes celles des ferrugineuses fortes, l'anémie, la chlorose, les affections par atonie et l'innombrable cortége des troubles si variés qui sont sous la dépendance de ces états. Nous le répétons, l'eau de la Bauche est remarquable par sa digestibilité, et nous ajoutons qu'elle se prête fort bien à l'exportation, ce qui, dans bien des cas, est une condition précieuse, puisqu'elle permet de consolider au loin une cure commencée à la source même.

St-Alban (Loire), quatre sources à 17°. Total de minéralisation $4^{gr},383$, dont près de deux grammes sont formés par l'acide carbonique libre ($1^{gr},949$). Les bicarbonates y sont relativement abondants et variés ; le poids de celui de fer est de 0,023. M. Lefort y a noté des traces d'iodure de sodium et d'arséniate de soude. Dyspepsie, gastralgie douloureuse, néphrite calculéuse, catarrhes vésicaux. Excellentes eaux de table, grande exportation. Traitement à l établissement par l'acide carbonique des eaux.

Sail-sous-Couzan (Loire) peut être rapproché de St-Alban. Un peu moins gazeuse et moins ferrugineuse, (0,008) cette eau présente une composition assez identique, dans laquelle les carbonates dominent. Elle contient également un peu de manganèse et de lithine. Dyspepsie, chlorose, gravelles, aménor-rhée. Exportation étendue.

Barbotan (Gers), plusieurs sources thermales, de 31 à 38°, peu minéralisées (0,135), mais ayant, sans doute par suite de leur température, une destination spéciale. Elles donnent $0^{gr},031$ de carbonate de fer, $0^{lit},122$ d'acide carbonique et un peu d'acide sulfhydrique. Établissement fréquenté pour ses piscines, bains, douches et ses *boues*. Rhumatismes chroniques, ankyloses incomplètes, suites de fractures et de luxations, dermatoses.

Chateldon (Puy-de-Dôme), cinq sources de 9°,5 à 13°. Très-gazeuses, acide carbonique libre $2^{gr},178$, bicarbonates abondants, bicarbonate de fer, 0,035, iodure et bromure alcalins, arsenic ; total des principes minéralisateurs $2^{gr},571$, gaz compris. Très-digestives : dyspepsies, gastralgies, catarrhes des voies urinaires chez les anémiques.

St-Pardoux (Allier), une source à 12°,8, dans le voisinage de Bourbon-l'Archambault, et qui, avec *la Trollière*, peuvent être considérées comme deux annexes de cette station. Eau peu minéralisée, total $0^{gr},184$, oxyde de fer, sans doute à l'état de crénate, 0,02. Acide carbonique libre 7/6 du volume. Dyspepsie, affections atoniques de l'appareil urinaire, anémie, fièvres intermittentes.

Chabetout (Puy-de-Dôme), source froide qui mérite d'être signalée pour sa richesse en bicarbonates (2^{gr},678) dont 1^{gr},886 de bicarbonate de soude. Elle contient 0,047 de sel de fer, de la lithine, un peu d'iode et d'arsenic, au total 3^{gr},105 avec 0^{lit},88 d'acide carbonique.

Châteauneuf (Puy-de-Dôme) quatorze sources de 15° à 37°; total de la minéralisation 4^{gr},549 dont 1^{gr},195 d'acide carbonique libre; bicarbonates abondants (2^{gr},354), fer 0,034, arséniate de soude, lithine. Bains et piscines assez fréquentées.

Rhumatisme simple et musculaire, rhumatisme nerveux; anémie, dyspepsie, gastralgie.

Andabre (Aveyron), deux sources à 10° très-remarquables par leur constitution peu commune. Bicarbonate de soude 1^{gr},828, — de fer 0,065, des chlorures assez peu abondants, sulfate de soude 0^{gr},699; en tout 3^{gr},242 de sels plus 1^{lit},138 d'acide carbonique. On les a comparées à celles de Vichy, mais avec une minéralisation moindre.

Dyspepsies, engorgements abdominaux, gravelle, catarrhe vésical.

Moudang (Hautes-Pyrénées) est une source ferrosulfurée signalée par M. Garrigou dans des termes exceptionnels. Elle n'éprouve nulle décomposition par le transport, par suite de la présence d'une faible quantité d'acide sulfhydrique qui se transforme en acides hypo-sulfureux et sulfureux, puis en hyposulfites et sulfites, enfin en sulfates aux dépens de l'oxygène de l'air, ce qui assure la conservation des sels ferreux. « Inutile, ajoute M. Garrigou, de chercher en Allemagne, parmi les quatre-vingt douze stations ferrugineuses, une eau qui puisse rivaliser avec celle de Moudang. »

Charbonnières (Rhône), source froide peu minéralisée (0^{gr},153); bicarbonate de fer 0,04, acide carbonique 0^{lit},034, azote 0,024, traces d'acide sulfhydrique. Indications diverses des eaux ferrugineuses.

Soultzbach, dans notre ancien département du Haut-Rhin, possède trois sources froides d'un grand intérêt. Assez minéralisées 4^{gr},291, il faut déduire de ce nombre 2^{gr},043 d'acide carbonique libre. Le bicarbonate de soude y figure pour près d'un gramme, celui de lithine pour 0,008 et le composé ferreux pour 0,032. Oppermann y a en outre signalé la présence de l'arsenic et de l'oxyde de manganèse. Ces eaux, qui se prêtent très-bien à la conservation et au transport, conviennent surtout dans les états atoniques.

On a vu, au commencement de ce chapitre, que l'Allemagne, avec un ensemble de sources inférieur au nôtre comme nombre, se trouvait, en réalité, tenir le premier rang par la valeur médicale des eaux. Les plus importantes de ces sources sont *Schwalbach* (Nassau), *Pyrmont* (principauté de Waldeck), *Rippoldsau*, *Antogast*, dans la forêt Noire ; *Bocklet*, *Brükenau*, en Bavière:

Toutes ces eaux sont bicarbonatées ; leur richesse ferrugineuse est, en général, assez grande, et l'acide carbonique libre assez abondant. Toutes contiennent du manganèse, mais en quantité fort minime, à l'exception des eaux d'Antogast et de Bocklet.

ANTOGAST (duché de Bade). Surtout livrées à l'exportation et employées pour la table, ces eaux sont peu minéralisées ; elles ne contiennent que 3 centigr. de protoxyde de fer, ni manganèse, ni lithine, ni arsenic ; acide carbonique libre $1^{gr},401$.

BOCKLET (Bavière) est très-fréquentée comme complément de la cure de Kissingen. De ses deux sources, l'une (la *Stahlquelle*) est extrêmement gazeuse (ac. carbonique 1417^{cc}). Elle contient plus de 6 centigr. de carbonate de fer par litre. On y suit un traitement par le gaz.

BRUKENAU (Bavière) n'est pas moins fréquentée que Bocklet et dans les mêmes conditions. Ses sources contiennent du fer, du manganèse, mais surtout une remarquable proportion d'acide carbonique qui les fait trouver fort agréables. Brükenau est peut-être la station la plus suivie de toute la Bavière; la médication qu'on y suit est fortifiante et reconstituante.

SCHWALBACH (duché de Nassau) a dix sources dont quatre sont plus particulièrement exploitées en boisson et en bains; on exporte leurs eaux en grande quantité. D'une température de 10°, ces différentes sources donnent de $2^{gr},05$ à $3^{gr},298$ de principes minéralisateurs. Le volume du gaz acide carbonique varie entre 1,470 et 1,919 cent. cubes par litre. Pour le bicarbonate de fer, il figure dans les diverses sources depuis 5 centigr., jusqu'à 8 centigr. Le manganèse n'y paraît qu'en proportion très-minime; il n'y a ni iodure ni arsenic. La médication de Schwalbach est avant tout tonique et reconstituante.

PYRMONT (Waldeck). Les sources ferrugineuses de cette station (temp. 10° à 17°,5) sont moins gazeuses, un peu moins riches en fer; en revanche, elles contiennent plus de manganèse, donnent des traces d'acide arsénieux et un peu de chlorure de lithium. Le poids total de la minéralisation est sensiblement le même, de $2^{gr},1/2$ à 3^{gr}, mais le bicarbonate de chaux y occupe une place plus grande, toujours plus d'un gramme.

La *Trinkbrunnen* contient : bicarbonate de chaux $1^{gr},047$, — de fer 0,057, — de manganèse 0,004, acide arsénieux traces, acide carbonique 777 cent. cubes.

Pyrmont a principalement le traitement de la débilité comme but, débilité reposant en entier sur l'aglobulie du sang ou se compliquant en outre de troubles généraux de l'innervation plus ou moins prononcés.

Rippoldsau (duché de Bade), 4 sources très-gazeuses, de 8° à 10° de température, d'une minéralisation assez élevée, mais dans lesquelles dominent surtout le bicarbonate de chaux (1^{gr},47) et le sulfate de soude (1^{gr}). Le carbonate de fer y existe à la dose de 5 centigr., et même d'un décigr. (source de Wenzel); la lithine, l'arsenic, l'acide phosphorique y figurent, bien qu'à l'état de traces.

Le traitement interne forme la base de la médication qui est tonique et légèrement laxative. La dyspepsie, la chlorose et l'anémie, quelques affections calculeuses ou catarrhales des voies urinaires en sont l'objet.

2º EAUX FERRUGINEUSES-CRÉNATÉES.

SOURCES FRANÇAISES.	SOURCE ALLEMANDE.
Forges. La Malou. Provins.	Griesbach (crénatée et manganésienne).

On n'a guère formé, jusqu'ici, une division à part des eaux crénatées; on s'est borné, le plus habituellement, à les confondre avec les eaux bicarbonatées. Les acides crénique et apocrénique sont, on le sait, des dérivés de l'humus qui se combinent à l'oxyde de fer en quantité définie pour former des crénates et des apocrénates.

On a discuté, dans ces dernières années, la question de savoir si l'action thérapeutique était identique pour les eaux ferrugineuses-bicarbonatées et pour les crénatées. Quelques médecins ont invoqué une facilité d'absorption plus grande en faveur de ces dernières; d'autres, à propos des eaux de Forges, ont cru pouvoir établir que ces mêmes eaux déterminaient des effets physiologiques qui leur étaient particuliers. Quoi qu'il en soit, il serait sans doute prématuré d'émettre, dès aujourd'hui, une conclusion sur ce point.

Il est très-commun de rencontrer des crénates et

des apocrénates dans les eaux ferrugineuses; mais, en général, ces sels n'y figurent qu'à l'état de traces plus ou moins faibles, tandis qu'un autre composé de fer y domine. Au contraire, le nombre des sources exclusivement crénatées est assez restreint. En voici trois exemples pris dans les sources françaises.

Forges (Seine-Inférieure), quatre sources froides fort célèbres autrefois, surtout après le séjour qu'y fit Anne d'Autriche, en 1633, aujourd'hui assez délaissées. La *Cardinale*, qui est la plus minéralisée, contient 0,098 de crénate de fer; les autres principes minéralisateurs sont peu abondants, en tout $0^{gr},270$, plus $0^{lit},225$, d'acide carbonique libre.

Forges représente une médication tonique et fortifiante qui s'adresse avant tout à la chlorose et à l'anémie. En souvenir d'Anne d'Autriche on inscrit également la stérilité dans son cadre d'action. Il n'est plus besoin d'expliquer comment une médication tonique peut, dans certains cas, faire cesser cet état.

La Malou (Hérault) présente des sources nombreuses de 16° à 35° que l'on utilise en bains de piscine frais et de courte durée en même temps qu'en boisson. L'ensemble du traitement est sédatif et tonique.

Ces eaux ont une composition assez complexe,

et le crénate de fer y est peu abondant (0,012). Le total des sels est d'un peu plus d'un gramme avec 1^{gr}, 264 d'acide carbonique libre et combiné.

L'action thérapeutique de ces eaux n'est pas seulement bornée à la chlorose et à l'anémie. On utilise encore leur faible thermalité contre le rhumatisme, les états névropathiques, et certaines paralysies. M. Durand-Fardel rapproche leur action de celle des eaux de Wildbad et de Gastein.

Provins (Seine-et-Marne), plusieurs sources crénatées froides, la principale donne 0^{gr},07 de sel de fer et 0,0017 de manganèse. Cette eau est peu minéralisée et, malheureusement, fort pauvre en acide carbonique. On y traite la chlorose et la dyspepsie ainsi que la pléiade d'affections variées que l'on peut considérer comme nées sous l'influence directe de ces deux affections.

GRIESBACH (duché de Bade), source froide à 11°, destinée à la boisson ; source thermale à 26° servant aux bains. La 1re est relativement très-minéralisée : 5^{gr},530 dont 2^{gr},413 d'acide carbonique. Bicarbonate de chaux 1^{gr},592, — de magnésie 0,001, — de fer 0,078, — de manganèse 0,003, traces d'acides crénique, apocrénique et arsénique. Comme les eaux précédentes celles de Griesbach sont toniques et reconstituantes.

3° EAUX FERRUGINEUSES-SULFATÉES

SOURCES FRANÇAISES.

Cransac, Auteuil, Passy.

Les eaux de cette classe n'offrent que peu d'intérêt dans les deux pays. Peut-être, pourtant, faudrait-
il faire une exception en faveur de Cransac (Aveyron),
dont nous avons déjà eu occasion de nous occuper
dans une autre partie de ce travail (1). Nous citerons
encóre les deux sources sulfatées qui viennent sourdre dans les environs de Paris, à Auteuil et à Passy.

Cransac (Aveyron). L'une des sources la plus
minéralisée contient jusqu'à 0^{gr},757 de sulfate fer-
roso-ferrique et 0,506 de sulfate de manganèse,
d'après O. Henry. Il est vrai que l'on a élevé quelques doutes au sujet de l'exactitude de cette analyse et que M. Blondeau, en la vérifiant, aurait trouvé
des chiffres très-inférieurs. Quoi qu'il en soit, il
est manifeste que cette même eau contient encore
de l'arsenic et de l'iode. Si l'on veut se reporter à
la manière peu commune dont est instituée la médication à Cransac, on comprendra les services
qu'elle peut rendre dans les affections par débilitation
ou par misère physiologique.

(1) Voyez p. 225.

Auteuil (Seine), source froide, trop peu usitée sur place, et livrant davantage à l'exportation. Cette eau est surtout riche en sulfates $3^{gr},255$. Le fer protoxydé s'y trouve combiné avec un sulfate d'alumine, à la dose de $0^{gr},715$, pour former un sel double particulier. Il y a en outre des traces très-sensibles d'arsenic, mais l'acide carbonique manque. La chlorose et l'anémie forment donc les principales indications de l'eau d'Auteuil. L'absence de gaz ne la rend pas propre au traitement de la dyspepsie atonique.

Passy (Seine), cinq autres sources sulfatées froides, à peu de distance des précédentes. Elles offrent encore moins d'intérêt que ces dernières par leurs applications médicales. Très-chargées en sulfates, et principalement en sulfate de chaux, elles abandonnent promptement à l'air un sous-sulfate ferrique qui leur donne une apparence trouble. Pour obvier à cet inconvénient, on ne les livre à la consommation qu'après les avoir dépouillées de ce précipité. Or celui-ci entraîne la majeure partie du sel de fer qui n'existe normalement que dans la proportion de 0,045. Elles sont également à peu près dépourvues d'acide carbonique. Ces eaux, d'une digestibilité fort médiocre, ne peuvent guère recevoir d'applications que dans la chlorose et l'anémie.

4° EAUX FERRUGINEUSES-MANGANÉSIENNES.

SOURCES FRANÇAISES.	SOURCE ALLEMANDE.
Cransac.	Brückenau.
Luxeuil.	
Le Crol.	

Elles sont fort peu nombreuses et nous n'en avons que trois à citer : Luxeuil, Cransac et le Crol. Nous nous bornerons à examiner la première et la dernière de ces sources, l'eau de Cransac ayant déjà été l'objet de deux mentions spéciales (1).

On se rappelera aussi que nous avons signalé le manganèse dans l'eau de Provins. C'est même à cette source que la présence du manganèse dans les eaux minérales, reconnue par Bergmann, fut affirmée d'une façon définitive par Vauquelin et Thénard, en 1813. Du reste, on a mis hors de doute, depuis, qu'il était assez fréquent de rencontrer le manganèse dans les eaux minérales, mais à faible dose. C'est par la raison opposée que les eaux que nous avons citées sont remarquables.

Maintenant, quel rôle joue le manganèse dans l'action des eaux ferrugineuses? quels avantages leur

(1) Voy. page 225 et 320.

procure-t-il ? M. Petrequin tient le manganèse pour un adjuvant du fer, capable d'augmenter l'action de celui-ci pour combattre l'aglobulie ; il le considère même comme susceptible de le suppléer complétement dans les cas où ce métal vient à échouer ou ne peut être toléré.

Les sources de **Cransac** sont les plus manganésiennes ; elles présentent de $0^{gr},01$ à $0,36$ d'oxyde.

Les eaux du Crol donnent $0^{gr},33$ de sulfate de protoxyde.

Celles de Luxeuil $0,022$ d'oxyde. On remarquera que la combinaison saline sous laquelle se présente le manganèse est loin d'être la même partout. Dans les eaux alcalines, on le rencontre à l'état de bicarbonate de protoxyde, de sulfure dans les sulfureuses, et on l'a vu à l'état de chlorure dans certaines eaux chlorurées, comme à Nauheim.

Luxeuil (Haute-Saône). La source manganésienne-ferrugineuse de Luxeuil, fort peu minéralisée (0,444) est remarquable autant par les combinaisons variées sous lesquelles se présente le fer, oxyde de fer, phosphate de fer, arséniate de fer (0,0270), que par la présence du manganèse.

On emploie ces eaux, qui sont thermales, en bains en même temps qu'en boisson. Sous la première forme, et surtout en douches internes, elles rendent des services très-appréciés dans le traitement des affections utérines et vaginales, surtout dans les formes catarrhales atoniques.

Le Crol (Aveyron). Cette eau présente de nombrueuses analogies avec celle de Cransac; comme cette dernière elle est sulfatée et très-riche en fer : sulfate ferreux $0^{gr},540$, — ferrique $0,285$, — manganeux $0,33$; en tout $1^{gr},535$ de sels. Les applications thérapeutiques des eaux du Crol ont une ressemblance non moins grande avec celles que nous avons signalées pour Cransac.

IX

MEMENTO DES PRINCIPALES INDICATIONS THÉRAPEUTIQUES
DES EAUX MINÉRALES

Les connaissances qu'il conviendrait d'exposer pour faire connaître la thérapeutique par les eaux minérales seraient fort considérables, elles exigeraient l'indication de nuances souvent fort délicates, et, par suite, des expositions très-étendues. Borné, par le temps et par l'espace, il ne peut être question d'aborder ici une telle étude, mais seulement de passer brièvement en revue chacune des grandes maladies chroniques en les envisageant sous les différentes formes et les différents aspects qu'elles revêtent le plus habituellement. En regard, on trouvera indiqués les noms des sources qui peuvent le mieux convenir au traitement ; toutes les fois que la chose est possible, les nuances ou indications plus spéciales sont notées. Cette indication générale donnée, le lecteur devra se reporter à la partie du volume où se trouvent exposées les propriétés chimiques et thérapeutiques des eaux nommées. Très-souvent, il aura à compléter, par la lecture et la comparaison, l'examen de sources de propriétés à peu près identiques et dont l'énumération, dans le tableau qui suit, eût été par trop longue et fastidieuse.

Quand il s'agit d'arriver à des indications positives, pour le choix d'une source, il faut faire marcher parallèlement l'étude de l'eau minérale, celle de la maladie et celle du malade. Dans bien des cas, comme dans les affections de poitrine, par exemple, il convient encore de faire entrer en ligne de compte les conditions climatériques de la station. C'est de l'examen de cet ensemble de conditions que doit découler le choix définitif. On saisit trop aisément l'importance de chacune d'elles, pour qu'il soit nécessaire d'insister.

On a pu reconnaître, par la lecture des chapitres qui précèdent, qu'il existe, en hydrologie médicale, des règles générales non moins précises que pour les autres branches de la thérapeutique. Cette désignation assez rigoureuse des indications des eaux est même ordinairement qualifiée d'un terme qui n'est pas sans entraîner avec lui une certaine idée de précision : la *spécialisation* des eaux minérales.

La spécialisation des eaux minérales est donc indispensable à connaître ; elle est la base de la pratique du médecin. Mais, ainsi qu'on l'a compris déjà, elle n'est pas tout, puisque, entre sources de la même classe, il restera encore à peser les nuances qui dépendent de la forme de la maladie, de la constitution du malade et du climat de la station, pour en venir à un choix définitif.

D'une façon générale, on a pu ramener les spécialisations des diverses eaux minérales à un certain nombre d'indications fort nettement définies, lorsque cette spécialisation est veritable ; ces indications ne deviennent vagues que dans les cas où le traitement thermal a moins pour effet d'agir directement sur la maladie que de remonter et de modifier l'état général du malade.

M. Durand-Fardel, dans le cours qu'il a professé en mars 1872 à l'École pratique de la Faculté de Paris, a formé de la spécialisation des eaux minérales un tableau d'une extrême simplicité en même temps que d'une grande précision. Nous le reproduisons sous la forme même qu'il lui a donnée. Nous n'y apporterons de modifications que dans la dernière partie, car si, d'une part, celle-ci ne concorde pas exactement avec les divisions que nous avons suivies dans ce travail, l'auteur, de son côté, se réserve de faire connaître lui-même sa nomenclature nouvelle, et nous nous en voudrions de ne pas respecter ce désir.

SULFURÉES-SODIQUES ET CALCIQUES.

Applications spéciales : Diathèse herpétique, dermatoses, catarrhes des voies respiratoires.

Applications communes : Lymphatisme, rhumatisme, chlorose, syphilis, scrofule.

Applications secondaires : Maladies chirurgicales, métrite chronique, catarrhes de l'appareil urinaire, dyspepsie.

CHLORURÉES-SODIQUES.

Applications spéciales : Scrofule, lymphatisme.

Applications communes : Rhumatisme, paralysies, maladies chirurgicales, hémorrhoïdes (pléthore abdominale).

Applications secondaires : Dermatoses, hypochondrie, syphilis, dyspepsie.

CHLORURÉES-SULFURÉES.

Applications communes aux chlorurées et aux sulfurées, plus particulièrement : scrofule, dermatoses, rhumatisme.

CHLORURÉES-BICARBONATÉES.

Applications des chlorurées-sodiques.

CHLORURÉES-SULFATÉES.

Particulièrement les dermatoses.

BICARBONATÉES-SODIQUES.

Applications spéciales : Diathèse urique (goutte, gravelle urique), diabète, maladies du foie, engorgements abdominaux.

Applications communes : Dermatoses, rhumatisme, métrite chronique.

BICARBONATÉES-CALCIQUES ET MIXTES.

Dyspepsie, eaux digestives ou de table.

BICARBONATÉES-CHLORURÉES.

Applications affaiblies des chlorurées-sodiques et des bicarbonatées-sodiques.

BICARBONATÉES-SULFATÉES.

Maladies catarrhales de l'appareil urinaire. Dyspepsie.

BICARBONATÉES-SULFATÉES ET CHLORURÉES.

Applications des bicarbonatées-sodiques avec addition de propriétés laxatives.

SULFATÉES-SODIQUES (1).

Laxatives.

(1) En ce point, et pour la fin de ce tableau, nous nous per-

SULFATÉES-MAGNÉSIQUES.

Laxatives.

SULFATÉES-CALCIQUES ET MIXTES.

Applications peu caractérisées dans leurs spécialisations.

Applications spéciales : Névroses généralisées, névralgies, rhumatisme, dermatoses, métrite chronique.

Applications communes : Prédominance névrosique.

EAUX FAIBLEMENT MINÉRALISÉES.

Applications diverses : Maladies de l'appareil respiratoire, dermatoses, rhumatisme, dyspepsie.

EAUX FERRUGINEUSES.

Anémie, chlorose.

mettons d'apporter quelques modifications à l'exposé de M. Durand-Fardel, modifications nécessaires puisque l'auteur du tableau a adopté, pour son enseignement, une nouvelle classification des eaux minérales à laquelle celle que nous avons suivie dans ce volume n'est pas complétement conforme.

X

Abcès scrofuleux. V. *Scrofule.*

Adénite scrofuleuse. V. *Scrofule.*

Albuminurie. — Le nombre des albuminuriques soumis à un traitement thermal est encore peu considérable. La classe d'eaux le plus habituellement conseillée est celle des *ferrugineuses.* Les alcalines, *Vichy* et *Vals,* ont donné des résultats satisfaisants, mais seulement au début de la maladie. Il faut s'abstenir de ces dernières dès qu'il y a hydropisie.

Anémie. — Sources ferrugineuses : *Bussang, la Bauche, Orezza, Forges, St-Pardoux, Andabre, Barbotan, la Malou, Sylvanès, Campagne,* etc.

Si l'anémie est la conséquence d'INFLUENCES DÉPRESSIVES PROLONGÉES (diète, alimentation insuffisante, évacuations excessives, hémorrhagies, etc.,.), le trai-

tement par les sources sulfureuses douces et ferrugineuses sera indiqué : *Ax, Cauterets, Luchon, Eaux-
Chaudes, Vernet, Gréoulx, St-Sauveur, Aix en Savoie*, etc.

Anémie chez les SUJETS à constitution manifestement LYMPHATIQUE : eaux chlorurées-sodiques
moyennes, faibles et ferrugineuses : *la Bourboule,
Bourbon-l'Archambault, Luxeuil*, etc. —Bains de mer.

**Angine glanduleuse ou folliculeuse, angine ton-
sillaire.** V. *Catarrhe*.

Arthritides. V. *Dermatoses*.

Articulations (Maladie des). V. *Rhumatisme* et
Scrofule.

Asthme. Emphysème. —ASTHME HUMIDE OU CA-
TARRHAL : sources sulfurées-sodiques et sulfurées-
calciques, principalement celles auprès desquelles
on fait des inhalations gazeuses ;

— ASTHME CONSÉCUTIF AU CATARRHE PULMONAIRE
chronique ou à la rétrocession du principe rhumatismal ou dartreux, le *Mont-Dore*.

ASTHME ESSENTIEL OU NERVEUX. Il paraît peu justiciable des eaux minérales. On a préconisé, dans ce
cas, les inhalations d'acide carbonique.

Atrophie musculaire rhumatismale. V. *Rhumatisme*.

Cachexies. — CACHEXIE PAR ÉPUISEMENT et sans

cause spécifique. Sources chlorurées-sodiques et ferrugineuses : *Bourbonne, Bourbon-l'Archambault, la Bourboule, Balaruc, St-Nectaire, Moûtiers*, etc. — *la Bauche, Cransac, Bussang, Orezza, Sermaize;* — ou encore des sources sulfureuses et ferrugineuses : *Luchon, Cauterets*, etc. — Bains de mer.

CACHEXIE MERCURIELLE. V. *Dermatoses*.

CACHEXIE PALUDÉENNE. Eaux chlorurées-sodiques fortes, sulfurées actives, sulfatées-magnésiques ou calciques : *Bourbonne, Uriage, Niederbronn, Balaruc, Encausse, Aulus, Euzet;* — s'il y a en même temps engorgement du foie et de la rate, bicarbonatées-sodiques : *Vichy, Vals;* si la débilitation est extrême, eaux ferrugineuses.

CACHEXIE SYPHILITIQUE. V. *Dermatoses*.

Calculs biliaires. V. *Foie*.

Catarrhes. — CATARRHE BRONCHIQUE. Eaux sulfureuses toniques, béchiques, résolutives; sulfurées-sodiques : (*Cauterets, Amélie, le Vernet, Luchon, St-Sauveur*, etc.), ou sulfurées-calciques (*Enghien, Pierrefonds, Allevard*, etc.). Le traitement sulfureux produit toujours un certain degré d'excitation; il convient de préférence aux malades présentant une constitution plus ou moins faible, lymphatique ou strumeuse.

LES SUJETS PLÉTHORIQUES NÉVROPATHIQUES et ceux chez lesquels l'élément catarrhal paraît lié à un VICE

RHUMATISMAL, GOUTTEUX OU DARTREUX, seront dirigés sur les sources bicarbonatées-sodiques, particulièrement le *Mont-Dore*.

CATARRHE LARYNGÉ, ANGINE GLANDULEUSE OU FOLLICULEUSE, ANGINE TONSILLAIRE, sources sulfureuses : *Eaux-Bonnes, Cauterets, Amélie, Luchon, Vernet, Enghien, Marlioz,* etc... gargarismes, inhalations et pulvérisation.

CATARRHE SCROFULEUX. V. *Scrofuleux.*

CATARRHE UTÉRIN. V. *Utérus.*

CATARRHE DE LA VESSIE. V. *Vessie.*

Chlorose. — Bains de mer et eaux ferrugineuses concurremment ; — Sources ferrugineuses : *Bussang, Orezza, la Bauche, Barbotan, la Malou, Cransac, Charbonnières, Sermaize,* etc...

S'il y a LYMPHATISME EXAGÉRÉ en même temps que chlorose : stations à la fois chlorurées et ferrugineuses : *Bourbon-l'Archambault,* — *St-Pardoux, Balaruc, St-Nectaire, Royat,* etc., ou sulfureuses-ferrugineuses : *Bagnères-de-Bigorre, Cambo, Luchon, Cauterets, Ax, Eaux-Chaudes, Amélie ;* prédominance d'ACCIDENTS NÉVROPATHIQUES : *Luxeuil, Barbotan, Plombières, Néris, Dax, Ussat, Encausse ;*

S'il y a TROUBLES DYSPEPTIQUES accentués : sources alcalines, ferrugineuses et carboniques, *Vichy, Vals, St-Alban, St-Galmier, Couzan, Condillac.*

Coliques hépatiques. V. *Foie.*

Coliques néphrétiques. V. *Gravelle urique* et *Vessie.*

Dartre. V. *Dermatoses* et *Catarrhe.*

Défaut de contractilité de la vessie. V. *Vessie.*

Dermatoses. — Pour le traitement des maladies de la peau, il faut surtout envisager celles-ci dans leur pathogénie, à la manière de M. Bazin. La question ainsi posée, il devient possible de tracer un certain nombre d'indications générales.

SCROFULIDES. Sources chlorurées-sodiques ou bromo-iodurées : *Salies de Béarn, Salins, Saxon* (Suisse), *Bourbonne, Bourbon-Lancy, Royat, St-Nectaire, Néris,* etc.); sources sulfureuses : *Luchon, Cauterets, Baréges, Ax, St-Sauveur, Enghien, Molitg, la Preste, Allevard, St-Honoré,* etc.); ou sources à la fois chlorurées et sulfureuses : *Uriage, Gréoulx, Allevard, St-Gervais,* etc.

Scrofulides bénignes, sources chlorurées-sodiques faibles et moyennes : *Néris, Bourbon-Lancy, Royat, St-Nectaire,* etc.

Scrofulides malignes, chlorurées-sodiques fortes et eaux bromo-iodurées. Traitement excitant, eaux mères.

SYPHILIDES. Chlorurées-sodiques et bromo-iodurées : *Salies de Béarn, Salins, la Motte, Balaruc,*

Bourbonne ; — *Challes* (Savoie), surtout *Uriage*. — Traitement marin. — Les eaux sulfureuses paraissent s'appliquer principalement au traitement de la CACHEXIE SYPHILITIQUE ou de la CACHEXIE MERCURIELLE (*St-Sauveur, Luchon, Eaux-Chaudes, Bagnols, Baréges, Ax, Allevard,* etc.); bien souvent elles agissent à la manière d'une pierre de touche pour démasquer une guérison incomplète. *Aulus* revendique une action assez spéciale.

ARTHRITIDES : eaux bicarbonatées; il ne faut recourir aux sources fortes (*Vichy, Vals*) que lorsqu'il existe une complication du côté de l'appareil digestif; dans le plus grand nombre des cas, donner la préférence aux bicarbonatées plus faibles (*le Boulou, Vic-sur-Cère, Vic-le-Comte, Châteauneuf,* etc.), aux bicarbonatées et chlorurées (*Royat, St-Nectaire*), à des eaux sulfureuses douces et alcalines (silicatées), ou à des bicarbonatées-sodiques-arsenicales (*Mont-Dore, la Bourboule,* etc.).

HERPÉTIDES. Sources sulfurées-sodiques, sulfurées-calciques et chlorurés-sodiques-sulfureuses, surtout; d'après M. Bazin, eaux arsenicales (*la Bourboule, Plombières, Vichy* (source Lardy), *Vals* (source Dominique), etc. — D'après M. Hardy (*Nouv. Dict. de méd. et de chir. pratiques.* Paris, 1869, t. X, p. 714), *Saint-Gervais, Néris, Bagnères, Cauterets.*

DERMATOSES SQUAMEUSES SÈCHES, boues thermales : *Barbotan, Dax, St-Amand.*

Les eaux sulfureuses, très-employeés dans les dermatoses, sont loin de présenter toutes une égale activité. On leur reconnaît trois degrés :

Sulfureuses fortes, comprenant presque toutes les sources des Pyrénées centrales : *Luchon* (sources de Richard, de la Grotte), *Cauterets*, *Baréges*, *Ax*, etc.

Sulfureuses moyennes : *Amélie, le Vernet, Olette, Enghien, Gréoulx, Allevard, Bagnols* (Lozère), *Eaux-Chaudes, St-Honoré*, etc.

Sulfureuses faibles : *St-Sauveur, Molitg, Aix en Savoie, Bagnoles* (Orne), les sources Bordeu et Bosquet de *Luchon*, les eaux *blanchies d'Ax*, et de *Cauterets*, les sulfatées-chlorurées de *St-Gervais*, sont des *plus douces* de la série.

DERMATOSES SCROFULEUSES. V. *Scrofule.*

Diabète. — Médication alcaline au début (*Vichy* et *Vals*), bains de mer.

Dyssenterie. Dyssenteries contractées dans les pays chauds : *Vichy, Amélie;* quelques observations à *Foncaude, Olette, Bagnoles* (Orne).

Dyspepsie. — DYSPEPSIE LIÉE A L'ANÉMIE ET A LA CHLOROSE : eaux ferrugineuses et gazeuses. V. *Chlorose* et *Rhumatisme.*

DYSPEPSIE ACIDE : bicarbonatées-sodiques, *Vichy*, *Vals*, ou les sources moins minéralisées de *Soultz-matt*, *Couzan*, *St-Alban*, *Vic-sur-Cère*, *Vic-le-Comte*, etc. On peut employer aussi les bicarbonatées-calciques : *Chateldon*, *St-Galmier*, *Condillac*. Dans les cas d'affections spasmodiques de l'estomac et de l'intestin : *Évian*, *Plombières*, etc.

DYSPEPSIE ATONIQUE : eaux fortement carboniques et en même temps ferrugineuses : *Bussang*, *Orezza*, *la Bauche*, *St-Pardoux*, *Forges* ; les bicarbonatées-ferrugineuses de certaines sources de *Vals* et de *Vichy*, ou encore certaines ferrugineuses très-notablement alcalines : *la Malou*, *Sylvanès*, *Andabre*, *Pougues*.

DYSPEPSIE DOULOUREUSE, avec vive sensibilité épigastrique : *Plombières*, *Luxeuil*, *Bagnères-de-Bigorre*, *Évian*, *Sermaize*, *Bagnoles* (Orne), etc.

DYSPEPSIE PITUITEUSE et embarras gastrique chronique : *Pougues*, *Niederbronn*, etc.

DYSPEPSIE FLATULENTE : *St-Gervais*, *Encausse*, *Niederbronn*, *Pougues*, et les bicarbonatées-calciques gazeuzes dites de table.

Dysurie. V. *Vessie*.

Embarras gastrique. V. *Dyspepsie*.

Emphysème. V. *Asthme*.

Engorgement. — ENGORGEMENT ARTICULAIRE. V.

Goutte et *Rhumatisme*. — ENGORGEMENT DE LA PROS-
TATE. V. *Catarrhe*. — ENGORGEMENT DE L'UTÉRUS.
V. *Utérus*.

Épuisement. V. *Cachexies*.

Éréthisme. V. *Phthisie*.

Fistule scrofuleuse. V. *Scrofule*.

Foie. Engorgements, calculs biliaires et coliques
hépatiques : sources bicarbonatées-sodiques et sulfatées-calciques : *Vichy, Vals, Contrexéville, Vittel*, etc.

Gastralgie. GASTRALGIE PAR ACCÈS PÉRIODIQUES ou
irréguliers, eaux bicarbonatées-sodiques fortes ou
faibles.

GASTRALGIE DOULOUREUSE ET CONTINUE : *Plombières, Pougues, Évian, Foncaude, Sermaize, Luxeuil,
Bagnoles* (Orne), etc.

GASTRALGIES RHUMATISMALES : eaux fortement thermales, *Plombières, Néris, Chaudes-Aigues, Luxeuil,
Bains*, etc.

Goutte. — GOUTTE RÉGULIÈRE, franche, avec dé-
terminations articulaires : eaux bicarbonatées-sodiques, en tête *Vichy* et *Vals*, puis des sources de la
même classe moins fortement alcalines : *le Boulou*, etc.

GOUTTE CHRONIQUE avec ENGORGEMENTS ARTICULAIRES
ou tendance cachectisante plus ou moins prononcée :
eaux chlorurées fortement thermales : *Bourbonne,*

Bourbon-l'Archambault, Balaruc, la Bourboule, etc. — et les sulfureuses : *Cauterets, Luchon, Bagnoles,* etc.

GOUTTE NÉVROPATHIQUE, eaux sédatives, chlorurées ou sulfatées : *Néris, Bourbon-Lancy, Plombières, Luxeuil, Bains,* etc.

Granulations de l'utérus. V. *Utérus.*

Gravelle oxalique. V. *Vessie.*

Gravelle phosphatique. V. *Catarrhe* et *Vessie.*

Gravelle urique. Agir sur la diathèse au moyen des bicarbonatées-sodiques : *Vichy, Vals, le Boulou,* dans quelques cas, préférer les eaux moins fortes de *Vic-le-Comte, Vic-sur-Cère, Pougues, St-Alban,* etc. Contre les COLIQUES NÉPHRÉTIQUES : eaux sulfatées de *Contrexéville* et de *Vittel,* bicabornatées-calciques de *Pougues,* bicarbonatées mixtes de *St-Alban,* et les sulfureuses dégénérées de *Molitg, la Preste, Olette,* etc.

Hémiplégie. V. *Paralysie.*

Herpétides. V. *Dermatoses.*

Impaludisme. V. *Cachexies.*

Incontinence de la vessie. V. *Vessie.*

Inflammation de l'utérus. V. *Utérus.*

Influences dépressives. V. *Anémie.*

Larynx. V. *Phthisie.*

Lymphatisme. — Bains de mer chez les enfants et chez les femmes. Sources chlorurées-sodiques fortes et moyennes. — Eaux-mères. — Sources sulfureuses excitantes : *Baréges, Luchon, Cauterets, Olette, Aix en Savoie, Enghien*, etc., des sources sulfatées et ferrugineuses : *Bagnères-de-Bigorre* (V. *Anémie, Chlorose, Utérus*).

Mercurielle (*Paralysie*). V. *Paralysies.*

Métrite chronique. V. *Utérus.*

Névralgies. — Eaux *thermales* de diverses classes : *Néris, Plombières, Bains, Luxeuil ; Eaux-Chaudes, St-Sauveur, Molitg, Bigorre, Ussat*, etc., particulièrement des eaux faibles, thermales ; applications fréquentes des sources sulfatées.

Névropathies. V. *Chlorose, Goutte, Rhumatisme, Utérus.*

Ophthalmie scrofuleuse. V. *Scrofule.*

Os (Maladies des). V. *Scrofule.*

Otorrhée scrofuleuse. V. *Scrofule.*

Paralysies. — PARALYSIES HÉMIPLÉGIQUES d'origine cérébrale : eaux chlorurées-sodiques : *Bourbon-l'Archambault, Balaruc, Bourbonne, Lamotte, Niederbronn ;* moins souvent chlorurées faibles : *Néris, Luxeuil, Bourbon-Lancy ;* quelques sources sulfureuses : *Aix en Savoie*, etc.

PARAPLÉGIE RHUMATISMALE : *Mont-Dore, Aix-en-Savoie, Luxeuil, Chaudes-Aigues, Plombières, Bourbon-Lancy*, etc. V. *Paralysies.*

PARALYSIE HYSTÉRIQUE : eaux peu actives : *Eaux-Chaudes*, *St-Sauveur*, *Molitg*, *Olette*, etc.

PARALYSIE SATURNINE OU MERCURIELLE : sources chlorurées-sodiques ou sulfureuses très-thermales.

PARALYSIES RHUMATISMALES, mêmes indications que pour le traitement du rhumatisme; donner la préférence aux eaux peu minéralisées, mais très-thermales et pourvues d'une bonne installation hydrothérapique : *Plombières*, *Mont-Dore*, *Aix en Savoie*, *Luxueil*, *Chaudes-Aigues*, *Baréges*, etc., des chlorurées : *Bourbon - l'Archambault*, *Bourbonne*, *Balaruc*, etc. des sulfureuses : *Luchon*, *Ax*, *Bagnoles*, *Gréoulx*, etc. — Le nombre des sources qui répondent à ces applications est très-considérable.

Paraplégie scorbutique. V. *Scorbut.*

Pharynx. V. *Phthisie* et *Angine*.

Phosphatique (Gravelle). V. *Gravelle*.

Phthisie pulmonaire. — Ne recourir aux eaux que pour un traitement prophylactique de la phthisie et pendant les deux premières périodes des tubercules. Le traitement thermal agit principalement sur le catarrhe bronchique et sur la congestion pérituberculeuse.

LES PHTHISIQUES LYMPHATIQUES, SCROFULEUX, peu excitables et non prédisposés aux hémoptysies, seront soumis aux eaux sulfureuses : *Eaux-Bonnes*,

Cauterets, Amélie, le Vernet, Marlioz, Bagnoles, Allevard, Pierrefonds, Enghien, St-Honoré, etc. Boisson, inhalations, pulvérisation.

Les PHTHISIES ÉRÉTHIQUES, principalement chez les sujets sanguins et hémoptoïques, aux eaux bicarbonatées-sodiques, principalement au *Mont-Dore*.

Les affections chroniques du LARYNX et du PHARYNX sont soumises aux mêmes applications que les affections catarrhales des bronches.

Rhumatisme. — Pour le traitement du rhumatisme, il faut tenir compte de sa forme, de sa localisation et de la constitution du malade (V. *Catarrhe, Paralysie*).

RHUMATISME CHRONIQUE SIMPLE MUSCULAIRE OU ARTICULAIRE. La condition de thermalité élevée des eaux prime celle de leur minéralisation; celle-ci est assez secondaire pour qu'on voie des sources de toutes classes, et même faibles, mais très-thermales et pourvues d'une bonne installation hydrothérapique, donner des résultats également favorables. Parmi les sulfureuses on peut citer plus particulièrement : *Aix en Savoie, Luchon, Ax, Cauterets, Baréges, St-Sauveur, Bagnoles, Gréoulx, Eaux-Chaudes,* etc.; pour les chlorurées : les deux *Bourbon* et *Bourbonne, Néris, la Bourboule, Luxeuil, Balaruc,* etc., pour les sulfatées : *Plombières, Bigorre, Dax, St-*

Gervais, Bains, St-Amand, etc. ; pour les bicarbonatées : *Mont-Dore, Chaudes-Aigues, Châteauneuf*, etc.

RHUMATISME ARTICULAIRE chronique avec LÉSIONS DES ARTICULATIONS : eaux chlorurées moyennes et très-thermales : *Bourbon-l'Archambault, Bourbonne, Balaruc*, etc., ou les sources sulfureuses actives : *Baréges, Luchon, Aix en Savoie, Cauterets, Ax*, etc.. Dans les cas très-torpides et rebelles, boues thermales de *Dax*, de *St-Amand*, de *Barbotan*.

RHUMATISME CHEZ LES SUJETS LYMPHATIQUES OU SCROFULEUX, sources actives, soit chlorurées (*Bourbon-l'Archambault, Balaruc, Bourbonne*), soit sulfureuses (*Baréges, Ax, Luchon, Aix en Savoie, Bagnoles* (LOZÈRE), etc. ; sources chlorurées et sulfurées : *Uriage, St-Gervais*.

RHUMATISMES NÉVROPATHIQUES, sources sédatives très-thermales : *Plombières, Néris, Luxeuil, Bourbon-Lancy, la Malou, Bains*, etc., ou des sulfureuses dégénérées très-douces : *Olette, St-Sauveur, Eaux-Chaudes*, etc., ou même des eaux simplement thermales : *Aix* (Provence), etc.

RHUMATISME AVEC DYSPEPSIE COEXISTANTE, *Vichy* et les bicarbonatées thermales, *Mont-Dore, Chaudes-Aigues*, etc.

RHUMATISME GOUTTEUX, *Vichy* et les sources arsenicales : *Plombières, Mont-Dore, la Bourboule ;* on emploie également les chlorurées moyennes et thermales : *Bourbon-l'Archambault, Bourbonne,* etc.

ATROPHIE MUSCULAIRE RHUMATISMALE, chlorurées-sodiques thermales et de minéralisation un peu élevée, hydrothérapie chaude.

PARALYSIES RHUMATISMALES. V. *Paralysies.*

Saturnine (Paralysie). V. *Paralysies.*

Scorbut et **Paraplégie scorbutique.** Les eaux chlorurées-sodiques fortes et thermales : *Balaruc* (le Bret).

Scrofules. Le traitement et la prophylaxie de la scrofule en elle-même, chez les JEUNES SUJETS, exige avant tout la médication chlorurée-sodique-iodo-bromurée des sources fortes ou des *bains de mer.* L'Assistance publique de Paris a adopté, avec grand succès, cette dernière médication dans son établissement-hôpital de Berck-sur-Mer. Parmi les chlorurées fortes et les *eaux mères,* on place au premier plan : *Salies de Béarn, Salins* (Jura), *Salins de Moûtiers* (Savoie), *Balaruc, Sierck, Niederbronn, Bourbon-l'Archambault, Bourbonne, Lamotte, la Bourboule* (pour ses propriétés arsenicales), *St-Nectaire* principalement comme moyen de prophylaxie, *Uriage,* sulfurée et chlorurée, qui participe à la fois des deux médications. Les sulfureuses : *Baréges, Luchon, Ax, Cauterets, Amélie,* etc., s'adressent moins directement au traitement de la diathèse.

CHEZ LE JEUNE HOMME ET CHEZ L'ADULTE, la médication externe, qui a dominé chez l'enfant, doit laisser une place plus large à la boisson; il faut alors choisir des chlorurées moins minéralisées et plus gazeuses : *Bourbon-l'Archambault, Balaruc, Bourbonne, Lamotte, Salins de Moûtiers, St-Nectaire.* Mais c'est surtout à ces âges que la médication reconstituante par les sulfureux donne de bons résultats : *Uriage,* chlorurée et sulfurée; *Challes,* sulfurée-sodique et iodo-bromurée; *Luchon, Baréges, Ax, Cauterets, Gréoulx, Allevard, Aix* (Savoie), *Enghien, Amélie,* etc.

ADÉNITES SCROFULEUSES : sources chlorurées-sodiques fortes, eaux mères; sources sulfureuses, mais elles paraissent moins actives que les précédentes.

MANIFESTATIONS TUBERCULEUSES liées à la scrofule, CATARRHES SCROFULEUX, médication par les sulfureux.

DERMATOSES SCROFULEUSES. V. *Dermatoses.* Si la dermatose prime l'état diathésique, donner la préférence aux sulfureuses; dans le cas contraire, aux chlorurées. *Uriage* se recommande en beaucoup de circonstances par sa minéralisation mixte, et *la Bourboule* par ses propriétés arsenicales.

ABCÈS, FISTULES, ULCÈRES SCROFULEUX, sources sulfurées ou chlorurées, mais faibles.

MALADIES DES OS ET DES ARTICULATIONS, en première ligne les sulfureuses : *St-Sauveur, Luchon, Baréges, Ax*, etc.; plus rarement les chlorurées fortes, les eaux mères et les chlorurées moyennes.

OPHTHALMIES, OTORRHÉES SCROFULEUSES, chlorurées-sodiques et sources sulfureuses. *St-Nectaire*, mais surtout la source ferro-cuivreuse de *St-Christau* (Basses-Pyrénées) se sont fait une sorte de spécialisation dans ces maladies. Bains de mer.

Scrofulides. V. *Dermatoses, Phthisie, Rhumatisme, Utérus.*

Spasmes de l'estomac et de l'intestin. V. *Dyspepsie.*

Sensibilité épigastrique. V. *Dyspepsie.*

Syphilides. V. *Dermatoses.*

Tubercules liés à la scrofule. V. *Scrofule.*

Ulcération de l'utérus. V. *Utérus.*

Ulcères scrofuleux. V. *Scrofule.*

Urique (Gravelle). V. *Gravelle.*

Utérus (Maladies de l'), MÉTRITE CHRONIQUE, EN-GORGEMENT, INFLAMMATION, ULCÉRATION, GRANULATIONS, CATARRHE, etc. La cause peut résider dans un état constitutionnel: lymphatique, scrofuleux, herpétique ou rhumatismal. Il faut alors agir contre la diathèse au moyen de bains prolongés donnés avec des eaux de spécialisations appropriées.

L'ÉTAT HERPÉTIQUE, la FORME CATARRHALE réclament plus particulièrement l'emploi des sulfureuses peu excitantes : *St-Sauveur*, *Molitg*, *la Preste*, *Olette*, *Ax*, les sources douces de *Cauterets*, de *Luchon* et d'*Eaux-Chaudes*, etc..

La FORME NÉVROPATHIQUE ET DOULOUREUSE s'accommodera mieux d'une médication sédative : *Néris*, *Plombières*, *Ussat*, *Bagnères-de-Bigorre*, et d'un grand nombre de sources sulfatées thermales et sédatives.

Le LYMPHATISME ET LA SCROFULE, dans leurs rapports avec les affections utérines, justiciables des eaux sulfureuses, le sont également des chlorurées thermales, moyennes et faibles : *Bourbon-l'Archambault*, *St-Nectaire*, *Bourbon-Lancy*, *Néris*, *la Bourboule*, *Royat*, *Lamotte*, etc..

Comme MÉDICATION RÉSOLUTIVE, principalement dans les cas où il existe de la CHLORO-ANÉMIE, de la DISPEPSIE et de l'ATONIE, les sources bicarbonatées et ferrugineuses de *Vichy*, *Vals*, *St-Alban*, *Couzan*, *St-Nectaire*, etc. A ces dernières sources, dans lesquelles l'acide carbonique abonde, on met à profit les propriétés toniques et cicatrisantes de ce gaz. Enfin, il est à peu près inutile d'ajouter que, dans tous les cas de ce genre où l'indication sera de tonifier, on fera bien de recourir aux *eaux ferrugineuses* prises soit sur place, ce qui sera préférable, soit après qu'elles auront été transportées (V. *Chlorose*).

Vessie. CATARRHE SIMPLE DE LA VESSIE, et sans symptômes de dysurie : *Contrexéville, Vittel, Pougues, Plombières, Évian*, plus rarement *Vichy* et *Vals*. Les sources de ces deux dernières stations, surtout les sources ferrugineuses, ne trouvent leur indication que lorsque le sujet est débilité et anémique. Dans ce cas aussi, on peut avoir recours aux eaux douces de *la Preste*, ou à certaines eaux franchement ferrugineuses : *Bussang, la Bauche*, etc.

CATARRHE CHRONIQUE PLUS RÉCENT, avec dépôt ténu et nuageux, eaux encore plus faiblement minéralisées : *Évian, St-Alban, St-Galmier*, etc. ; on recommande aussi des sulfureuses très-douces et onctueuses : *St-Sauveur, la Preste*, etc.

CATARRHE VÉSICAL par ENGORGEMENT DE LA PROSTATE, mêmes indications que ci-dessus, mais le traitement exigera une extrême prudence.

DYSURIE par DÉFAUT DE CONTRACTILITÉ DE LA VESSIE; eaux plus stimulantes de *Luchon, Baréges, Aix en Savoie* et *Aix en Provence, Bourbonne, Vittel*.

INCONTINENCE DE LA VESSIE PAR EXTRÊME SUSCEPTIBILITÉ de l'organe qui oblige celui-ci à se vider sans cesse : sources très-sédatives d'*Ussat, Bains, Néris, St-Sauveur, Plombières*, etc.

GRAVELLE PHOSPHATIQUE OU BLANCHE. Toujours liée

au catarrhe vésical, cette affection exige un traitement identique : *Contrexéville, Pougues, Vittel, Plombières, Évian, la Preste, St-Alban*, etc. Ces eaux paraissent agir par dissolution en augmentant la partie aqueuse des urines.

GRAVELLE OXALIQUE, mêmes indications que pour la gravelle phosphatique.

COLIQUES NÉPHRÉTIQUES 1° *par gravelle urique :* recourir à la médication thermale à une époque aussi éloignée que possible de l'accès ; donner la préférence à *Vichy* ou à *Vals* afin de réduire le volume d'eau à digérer. Si Vichy est mal supporté, choisir des sources moins actives : *St-Alban, Vittel, Contrexéville ;* 2° *par gravelles phosphatique ou oxalique :* les eaux indiquées contre cette forme de gravelle.

XI

Et maintenant, avant de terminer ce travail et pour mieux mettre en lumière la conclusion à laquelle il tend, jetons un rapide regard en arrière et reprenons sommairement par la pensée la voie que nous avons suivie. Haine, bien que fondée, revendications déloyales, parti pris, aucun de ces sentiments ne doit trouver place dans cet examen, car s'ils sont surtout haïssables, c'est lorsqu'ils se montrent chez le plus fort ou, du moins, chez un rival puissant. Or, cette dernière situation est bien celle des eaux minérales françaises par rapport à celles de l'Allemagne.

Comparons donc une dernière fois la richesse respective des deux nations dans chacune des cinq grandes classes d'eaux minérales. A côté des secours à puiser dans les sources elles-mêmes, mettons en présence les ressources à attendre des conditions variées qui dépendent du ciel, du climat, des lieux, des sites, des mille commodités de voyage et de séjour, et qui, précieuses pour tous, deviennent inestimables pour des valétudinaires ou pour des malades sur lesquels il faut faire agir à la fois les impressions physiques, climatériques, hygiéniques, et morales en même temps que les influences diététiques et médicamenteuses. Et si, longtemps abusés par le mirage trompeur de l'inconnu et de l'amour de l'exotique, certains esprits persistaient à douter, qu'ils pèsent et jugent par eux-mêmes.

La principale richesse de l'Allemagne, on l'a vu, sa richesse hydrologique sans seconde, réside dans ses sources chlorurées-sodiques, aussi les avons-nous fait passer en tête de cet examen. Nombreuses, variées, thermales, ce sont elles qui ont été plus spécialement le prétexte de la vogue et de la fortune de certaines stations d'outre-Rhin, notamment en Nassau, dans le duché de Bade et en Wurtemberg. Mais si, par la notoriété des noms, la suprématie appartient sans conteste à l'Allemagne ; par la solidité du fonds, par la nature et l'abondance de la minéralisation des eaux, le premier rang est à nous. Sous ce rapport Nauheim vient loin après Salies de

Béarn, Hombourg, Kreuznach, Kissingen, Bade après Salins (Jura), Salins de Moûtiers et Salies (Haute-Garonne).

L'avantage de l'Allemagne, c'est que ses eaux les plus fortes, — celles que nous venons de nommer, — sont en même temps thermales et chargées d'acide carbonique, tandis que nos eaux les plus riches en minéralisation, Salies de Béarn et Salins (Jura), sont froides et pauvres en gaz. Mais à côté de ces sources froides, n'avons-nous pas les sources thermales, plus minéralisées pour quelques-unes que celles de l'Allemagne, aussi minéralisées pour d'autres, de Balaruc, de Bourbonne, d'Hammam-Mélouane, de Moûtiers, de Bourbon-l'Archambault, de Lamotte, de Saint-Nectaire, et tant d'autres que nous pourrions nommer?

Les médecins allemands, bornés dans les moyens dont ils pouvaient disposer, se sont montrés industrieux à l'extrême en étendant outre mesure les applications qu'ils pouvaient faire d'une même source. Si, mieux pourvus, comme variétés de ressources hydrologiques, et volontairement enfermés dans un cercle plus étroit qu'aucune nécessité ne les contraint d'ailleurs d'enfreindre, les médecins français n'ont pas eu à forcer les applications de leurs eaux, qu'on n'impute pas, du moins, cette légitime réserve à une prétendue infériorité qui n'appartient aucunement à celles-ci.

Une des gloires de l'Allemagne, une de ses vogues, lui est venue des eaux concentrées, des eaux mères, qu'elle a été la première à employer. Mais cet exemple donné, car cette pratique nous la tenons d'elle, et malgré la vogue dont jouissent encore à-tort parmi nous les produits de Kreuznach et de Nauheim, qu'a-t-elle à opposer, comme valeur médicale, aux eaux mères de Salies, de Montmorot et de Salins? Le tableau que nous en donnons (1) et la pratique médicale se chargent de faire la réponse.

Éprouverions-nous quelque insuffisance pour les chlorurées moyennes et faibles? Non certes, ici encore nous avons de quoi répondre à toutes les indications.

Parmi les chlorurées-bicarbonatées, Saint-Nectaire, Royat, la Bourboule, Vic-le-Comte peuvent faire contre-poids aux sources similaires d'outre-Rhin; et si, dans cette division, la source allemande de Schwalheim nous était présentée comme n'ayant pas sa correspondante directe sur notre sol, nous aurions la satisfaction facile de répondre qu'il nous est aisé d'atteindre à des indications identiques par deux sources voisines jaillissant en une même station.

(1) Voy. pages 72 et *passim*.

Parmi les chlorurées-sulfureuses, à Aix-la-Chapelle, la vieille cité allemande, nous pouvons opposer Uriage, la gracieuse station dauphinoise, située dans une Suisse en miniature.

Pour les eaux bicarbonatées-sodiques, les rôles changent, les sources allemandes tarissent, Vichy et Vals n'ont pas d'égales. Les eaux allemandes d'Ems, de Teplitz-Schönau, de Bilin viennent loin derrière. Le Vichy d'outre-Rhin, la médication alcaline par excellence de nos voisins, le « Roi des Eaux » d'Allemagne, c'est Carlsbad; nous retrouverons en son lieu cette puissance, — d'autant plus allemande que celle-ci n'a véritablement pas de similaire parmi nous, — aux sulfatées-sodiques.

Nous l'avons dit : « Ems, par sa pratique, tient un peu du Mont-Dore, un peu de Vichy, un peu de Plombières; mais nous avons mieux que cela chez nous. Bilin est un « Vichy froid »; Teplitz principalement un « succédané de Plombières et de Vichy. » Comme agents de la médication alcaline, ce sont bien là, si l'on veut, des réductions de nos sources, mais les originaux nous restent, et la grandeur de ceux-ci ne peut que gagner au rapprochement. Après Vichy et Vals, notons le Boulou, Châteauneuf, Chaudes-Aigues, etc., et Soultzmatt (Haut-Rhin) qui momentanément nous échappe.

Pour les bicarbonatées-calciques, encore, notre part est belle et nous n'avons nulle défaveur à redouter de ce côté : Pougues, Ussat, Foncaude, Aix (Provence), Alet, Bondonneau, sans parler des eaux gazeuses, dites de table : Saint-Galmier, Condillac, Chateldon. L'Allemagne répond par Blasibad, Alexanderbad, Griesbach, Schlangenbad ; nous ne croyons pas manquer de générosité en acceptant les ressources pour égales.

Aux bicarbonatées mixtes nous avons inscrit le Mont-Dore, Royat, Néris, Évian ; l'Allemagne dit : Brükenau, Krankenheil, Landeck, Roisdorf. Qu'on décide entre ces noms. Ici encore il nous faudrait citer Saint-Alban, Couzan, Sail-les-Bains, mais nous n'en finirions pas, et ceci ne devait être qu'un coup d'œil.

Nous voici aux sulfatées-sodiques. En ce point, l'Allemagne, et mieux l'Autriche, apparaît avec Karlsbad ; derrière viennent Wildbad-Gastein, Franzensbad, Marienbad, puis Boll, Elster pour l'Allemagne du Nord. De notre part, nous pouvons citer Plombières, Brides, Evaux, Vrécourt, notre source purgative de Miers.

Mais Plombières ne prétend en aucune façon à la spécialisation de Carlsbad. Plombières n'est pas Vichy, et le « Roi des Eaux » a la prétention de faire pâlir la reine des sources de l'Auvergne ; mais fuyons l'équivoque.

Devant Carlsbad, nous nous inclinons avec sincérité. Cette eau répond à des indications variées que nous ne pouvons atteindre directement en France par une source isolée. Nous y parvenons à l'aide d'un ensemble de sources. Mais ce que nous tenons à dire, c'est que, en tant que médication alcaline, Carlsbad ne vainc ni Vichy ni Vals. Il leur est au contraire inférieur, son mérite est de répondre à des indications particulières auxquelles ne parviennent pas aussi directement nos deux sources alcalines. Plombières, on ne l'a pas oublié, s'est mérité comme agent hydro-minéral un caractère particulier. En dépit de l'analyse, il n'y a nul rapprochement à établir entre ces sources et celles de Carlsbad.

Pour les sulfatées-calciques, la scène change. Bagnères-de-Bigorre, Aulus, Encausse, Cransac, Contrexéville, Vittel, Martigny n'ont rien à envier pour la notoriété à leurs similaires de la Germanie, et cette fois, chose rare, la notoriété est d'accord avec la justice.

Les sources sulfatées mixtes et magnésiques, bien que toujours médicinales, se trouvent un peu en dehors du cadre ordinaire de l'hydrologie médicale. Elles sont recherchées, en général, pour leurs propriétés laxatives et purgatives. En ceci la palme revient sans conteste aux eaux purgatives et amères de l'Allemagne : Friedrichshall, Püllna, Sedlitz, Saidschutz, ce sont là autant de victoires. Montmirail, Miers, Aulus, Cransac n'ont pas la même énergie, tout en représentant les sources purgatives les plus certaines de notre sol.

Deux classes d'eaux minérales nous restent à examiner, les sulfureuses et les ferrugineuses.

Pour les premières, que l'on divise, d'après leurs bases, en sodiques et en calciques, distinction qui porte beaucoup plus loin, puisqu'elle atteint au mode de formation et à la nature même des eaux, il n'y a pas de parallèle à établir entre les deux territoires.

La France est le pays le plus richement doué de l'Europe en sulfurées-sodiques ; elle a, sous ce rapport, une profusion immense, incomparable, et nulle part la médication sulfureuse n'a atteint au degré de perfection auquel elle est parvenue auprès des sources françaises. L'Allemagne, au contraire, ne possède que deux sources sulfurées-sodiques de fort peu d'importance.

Moins dénuée en sulfurées-calciques, elle n'est pas moins, de ce côté, frappée d'une incontestable infériorité relativement à nos possessions. Il suffit de constater ces faits, et il y aurait, tout au moins, manque de générosité à y insister.

Pour les eaux ferrugineuses, les choses changent. La France l'emporte bien encore et de beaucoup, par le nombre des sources. Mais à l'Allemagne appartient la notoriété des noms : Schwalbach, Pyrmont, Rippoldsau, Antogast, ce sont ses gloires, et elles sont grandes. Nous n'avons cependant pas le droit de renier Bussang, la Bauche, Forges, Orezza, Saint-Pardoux, Barbotan, Saint-Alban, la Malou, Vic-sur-Cère, Châteauneuf, Châteldon, Luxeuil et les sources ferrugineuses si nombreuses, dont on use avec avantage auprès de stations plus connues pour des eaux d'autre nature (Bagnères-de-Bigorre, Plombières, Vichy, etc., etc.), sans parler des eaux hygiéniques dites de table. Ce serait trop d'humilité que de nous reconnaître en état d'infériorité à cet égard.

Outre les eaux minérales qui jaillissent du sol, la France trouve dans les eaux des deux mers qui baignent ses côtes, dans l'air pur, salin, tonique, vivifiant et de température plus constante qui y circule, dans la radiation solaire et lumineuse qui les inonde, les conditions d'une médication précieuse entre toutes et d'une villégiature sans pareille par l'animation, la vie, les agréments et les charmes qu'elle présente.

L'Allemagne n'a pas de plages marines, ou du moins elle en a une de si petite étendue, et tellement au Nord, qu'il n'y a pas de comparaison possible à établir. De Dunkerque à Biarritz, pour l'Océan, du golfe du Lion à la côte de Gênes, pour la Méditerranée, quelle variété de plages, de climats et de températures, en même temps que les sites et les pays changent avec les mœurs, les coutumes, les caractères et le ciel.

En conscience, et sous le point de vue de l'intérêt médical, les bains de mer de la France mériteraient une étude à part. Entre ces deux extrêmes, pour l'Océan, des bains froids excitants et de l'air vif des plages du Nord, à Boulogne, à Calais, à Dunkerque, et des vagues chaudes souvent tumultueuses de Biarritz, sous un ciel doux et longtemps clément, que de nuances et que de conditions spéciales dont on peut faire bénéficier les malades.

A la côte normande, aux plages gracieuses de Trouville, de Villers, d'Houlgate, de Dieppe, l'eau de la mer, encore froide, mais moins fougueuse, ne répond toujours qu'aux qualités du bain froid, très-tonique et de courte durée. De même encore à la côte de Bretagne.

Mais qu'on gagne la Gironde. Dans les bassins de

Royan, d'Arcachon, où la mer s'assoupit, dort et s'a-
doucit, l'eau s'échauffe, l'ébranlement éprouvé par
notre organisme est moindre, et l'on a, sous un ciel
resplendissant, toutes les conditions du bain de mer
prolongé, si utile à la scrofule de l'enfance.

Aux plages de la Méditerranée, ce sont d'autres
considérations. Torrides pendant l'été, elles s'ouvrent
tôt aux baigneurs vers le printemps, et les conservent
tard à l'automne. Ce sont des stations de transition,
éclairées d'un ciel éblouissant de lumière et de
splendeur, rehaussées par une végétation qu'on
serait tenté de qualifier d'exotique pour notre sol, et
qui émerveillent les valétudinaires de tous les pays
qui, depuis quelques années surtout, viennent s'a-
briter, en grand nombre, contre les rigueurs de l'hiver, dans cette heureuse contrée.

L'Allemagne, pourtant, à défaut de qualités particulières de son ciel et de son climat, vante ses sites,
ses panoramas pittoresques, ses souvenirs historiques. Mais les bords du Rhin sont-ils donc toute
l'Allemagne et n'est-ce rien que la nature chaotique,
mouvementée et gigantesque de l'Auvergne, que la
majesté des Pyrénées, que les mille surprises que re-
cèlent les Alpes ? N'est-ce rien non plus pour le na-
turaliste, pour le médecin, l'historien, l'archéologue
et même pour le touriste, que ces végétations et ces

climats si variés, ces races si diverses, ces mœurs et ces langages si opposés, ces monuments historiques d'origine si nombreuse, qui, en tant de points, encombrent véritablement notre sol? Qu'on cesse ces revendications, elles sont vaines, et, sous ces points de vue, restent sans fondement.

L'Allemagne prétendrait-elle être seule à présenter la commodité des voyages, le comfort des hôtels, la grandeur et la perfection des installations thermales? Nous nous sommes déjà expliqué sur ce point (1), et l'on sait qu'en penser.

Dans la majeure partie de ce livre, nous nous sommes donné plus spécialement pour but de résoudre cette première question : Une source minérale étant donnée, établir les applications thérapeutiques auxquelles elle convient le mieux.

Dans le *Memento thérapeuthique*, nous avons esquissé cette seconde question : Une maladie étant donnée, indiquer les sources minérales qui se prêtent le mieux à son traitement.

Nous croyons avoir démontré la justesse de cette affirmation émise dès notre début, qu'*il n'est aucune indication du traitement des maladies chroniques à la-*

---

(1) Voyez le chapitre intitulé : *La Vogue des villes d'eaux allemandes.*

quelle on ne soit en mesure de répondre par les seules sources françaises.

Par le long examen des sources françaises et allemandes, examen comparatif que nous avons tenu à effectuer classe par classe, nous croyons avoir donné la preuve que, si l'égalité de ressources existe, entre les deux pays, pour quelques familles d'eaux minérales, il en est d'autres, au contraire, et en assez grand nombre, pour lesquelles la disproportion est manifeste, parfois même absolue, et que le plus souvent l'avantage reste à la France.

Ceci établi, voudra-t-on quitter enfin cette opinion controuvée de l'exceptionnelle richesse hydrologique de l'Allemagne? Voudra-t-on supputer et apprécier ce que les eaux minérales de notre pays offrent de ressources infinies aux malades et aux médecins? Nous n'osons nous flatter d'arriver aussi promptement à vaincre une telle erreur trop souvent fondée sur l'ignorance.

Mais tenant à établir, en faveur des eaux minérales de la France, une juste revendication avec toute la conscience qu'on peut apporter à remplir un pieux devoir, nous n'avons pas vu de meilleur moyen d'y parvenir que de dresser, en quelque sorte, un compte de notre fortune, et de tenter, du même coup, une œuvre de vulgarisation.

TABLE DES MATIÈRES

LIBRAIRIE J.-B. BAILLIÈRE et FILS

RUE HAUTEFEUILLE, 19, PRÈS DU BOULEVARD SAINT-GERMAIN, A PARIS.

Juin 1872.

ALIBERT. Précis historique sur les Eaux minérales. Paris, 1826, in-8. (6 fr.).................................... 3 fr.

ALIBERT (C.). Traité des Eaux d'Ax (Ariége). Paris, 1853, in-8, avec 5 pl.. 4 fr.

ALIÈS (B.). Études sur les Eaux minérales en général et sur celles de Luxeuil en particulier. Paris, 1850, in-8, 220 pages.. 3 fr. 50

ANDRIEUX (de Brioude). Maladies chroniques. Hydrothérapie combinée. Notice sur l'établissement central d'Auvergne à Brioude (Haute-Loire). 2e édition. Paris, 1864, in-8, 128 pages.. 2 fr. 50

ANGLADA (J.). Traité des Eaux minérales et des établissements thermaux du département des Pyrénées-Orientales. Paris, 1833, 2 vol. in-8, fig....................................... 6 fr.

— Mémoires pour servir à l'histoire générale des Eaux minérales sulfureuses et des Eaux thermales. Paris, 1827-1828, 2 vol. in-8... 6 fr.

ARTIGUES. Amélie-les-Bains. Paris, 1864, in-8.... 3 fr. 50

AUPHAN (V.). Considérations médicales sur les Eaux d'Euzet-les-Bains (Gard). Paris, 1858, in-8, 108 pages........ 2 fr.

BACHELIER (J.). Exposé critique et méthodique de l'hydropathie, ou traitement des maladies par l'eau froide. Pont-à-Mousson, 1843, gr. in-8, 254 p., avec 1 portrait... 3 fr. 50

BAILLY. Des Eaux thermales de Bains-en-Vosges. Paris, 1852, 1 vol. in-8... 3 fr.

BALDOU. Instruction pratique sur l'hydrothérapie, étudiée au point de vue : 1° de l'analyse clinique ; 2° de la thérapeutique générale ; 3° de la thérapeutique comparée ; 4° de ses indications et contre-indications. Nouvelle édition. Paris, 1857, in-8, 691 pages...................................... 5 fr.

BALLARD (J.-G.). Essai sur les Eaux thermales de Baréges. Paris, 1834, in-8, xvi-312 pages....................... 4 fr.

BARRIER (J.-A.). Premier mémoire sur les Eaux médicinales naturelles de Celles. Valence, 1837, 1 vol. in-8..... 4 fr.

BARTHEZ (F.). Guide pratique des malades aux Eaux de Vichy, 6e édition. Paris, 1859, in-18, 388 pages......... 3 fr. 50

BASTIANI (Annibale). Analisi delle acque minerali di Casciano de Bagni e dell' uso di esse nella medicina. Firenze, 1770, in-8, 126 pages........................ 3 fr.

BERGERET (A.). Du choix d'une station d'hiver, et, en particulier, du climat d'Antibes. Paris, 1864, in-18 jésus, 279 pages........................ 2 fr. 50

BERKELEY (G.). Recherches sur les vertus de l'Eau de goudron. Amsterdam, 1745, in-12, xxvi-343 pages .... 3 fr.

BERTHERAND (A.). Études sur les Eaux minérales de l'Algérie. Paris, 1858, in-8, 183 pages................ 3 fr.

BERTHET (J.). Aix-les-Bains, ses thermes. Chambéry, 1862, 1 vol. in-8........................ 3 fr.

BERTHIER (J.). Album universel des eaux minérales et des bains de mer. Paris, 1862, gr. in-4, avec pl. et fig.. 12 fr.

BERTRAND (M.). Recherches sur les propriétés physiques, chimiques et médicinales des Eaux du Mont-Dore, 2e édition. Clermont-Ferrand, 1823, in-8, avec 3 planches (7 fr.). 5 fr.

BERTRAND (P.). Voyage aux Eaux des Pyrénées. Clermont-Ferrand, 1838, in-8........................ 5 fr.

BLONDIN (Th.). Ussat-les-Bains. Études médicales sur les Eaux thermo-minérales de cette station. Paris, 1865, gr. in-8, 156 pages avec 1 pl........................ 3 fr. 50

BOIROT-DESSERVIERS (P.). Recherches et observations médicales sur les eaux de Néris. Paris, 1822, 1 vol. in-8, avec 20 planches et 1 tableau........................ 4 fr.

BONJEAN (J.). Analyse chimique des eaux minérales d'Aix en Savoie. Chambéry, 1838, 1 vol. in-8................ 3 fr.

BONNET DE MALHERBE. Guide médical aux Eaux de Néris. Paris, 1872, 1 vol. in 18........................ 2 fr. 50

BORDEU (Ant.). Mémoire sur les Eaux-Bonnes. Paris, 1842, in-8, 64 p........................ 2 fr.

BOUDIN (J.-Ch.-M.). Études sur l'Eau en général et sur les Eaux potables en particulier. Paris, 1854, in-8, 52 pages... 2 fr.

BOUGARD (E.). Des Eaux chlorurées-sodiques thermales de Bourbonne-les-Bains (Haute-Marne). Paris, 1857, in-4, 82 pages........................ 2 fr. 50

BOUILLON-LAGRANGE (E.-J.-B.). Essai sur les Eaux minérales naturelles et artificielles. Paris, 1810, in-8.... 4 fr. 50

BOULAND (P.). Études sur les propriétés physiques, chimiques et médicinales des Eaux minérales d'Enghien (Seine-et-Oise). Paris, 1850, in-8, 176 p...................................... 2 fr. 50

BOUQUET (J.-P.). Histoire chimique des Eaux minérales et thermales de Vichy. Paris, 1855, 1 vol. in-8, avec 1 carte coloriée et 2 pl.. 6 fr.

BROCHARD. Des bains de mer chez les enfants. Paris, 1864, in-18 jésus, 268 pages................................... 3 fr.

BUCHAN (A.-P.). Observations pratiques sur les bains d'eau de mer et sur les bains chauds. Seconde édition. Paris, 1835, 1 vol. in-8... 2 fr.

BUTTURA. L'hiver à Cannes, les bains de mer de la Méditerranée, les bains de sable. Paris, 1867, 1 vol. in-8, 100 pages. Cartonné... 2 fr.

CARRIÈRE. Le climat de l'Italie, sous le rapport hygiénique et médical. Paris, 1849, in-8, 600 pages............. 7 fr. 50

— Le climat de Pau, sous le rapport hygiénique et médical. Paris, 1870, in-12 de XII-180 pages.................... 2 fr.

— Fondements et organisation de la climatologie. Paris, 1869, in-8, de 93 pages.................................... 2 fr. 50

CAUSSARD (L). Bourbonne et ses Eaux minérales. Paris, 1870, in-12 de 324 pages et une carte....................... 2 fr.

CAZALAS (L.). Recherches pour servir à l'histoire médicale de l'Eau minérale sulfureuse de Labassère (Hautes-Pyrénées). Paris, 1851, in-8.................................... 2 fr. 50

CAZENAVE (E.). Recherches cliniques sur les Eaux-Bonnes. Paris, 1854, in-8 de 105 pages....................... 2 fr.

— Dix-sept années de pratique aux Eaux-Bonnes. Paris, 1867, in-8 de 231 pages................................ 3 fr. 50

CHANOT (Fr.-Aug.). Eaux minérales de Salazie (île de la Réunion). Paris, 1860, in-4, 161 pages.................. 3 fr.

CHARMASSON DE PUYLAVAL (A.). Eaux de Saint-Sauveur. Paris, 1860, gr. in-8, 184 p............................ 3 fr.

CHARPENTIER (D.). De l'hydrothérapie méthodique. Paris, 1855, in-8 de 158 pages............................... 2 fr.

CHENU. Essai pratique sur l'action thérapeutique des Eaux minérales. Paris, 1840, in-8....................... 8 fr.

CHEVALIER (L.). Recherches et observations sur les Eaux thermales de Bagnols-les-Bains. Paris, 1840, 1 vol. in-8 de 183 p. et 1 plan.. 2 fr.

CHEVALLEY DE RIVAZ (St.). Descrizione delle acque termominerali e delle stufe dell' isola d'Ischia. Napoli, 1838, in-8, 276 pages, avec 3 planches .... 2 fr.

— Description des Eaux minéro-thermales et des étuves de l'île d'Ischia. 6e édit. Naples, 1859, in-8, 214 pages avec une carte.. 3 fr. 50

CLERMONT. Recueil d'observations physiologiques et cliniques sur les Eaux minérales de Vals (Ardèche). Paris, 1 vol. in-8. de 298 pages.. 4 fr.

COLLONGUES. Le livre des malades à Vichy. Nice, 1868, 1 vol. in-12 de 252 pages.. 7 fr. 50

CURCHOD (Henri). Essai théorique et pratique sur la cure de raisins, étudiée plus spécialement à Vevey. Paris, 1860, in-8, x-132 p., avec 7 tableaux.......................... 2 fr. 50

CUTLER. Spa et ses Eaux. Bruxelles, 1856, in-18, cartonné. 4 fr. 50

DELAPORTE(A.). Hydrologie médicale. Bains de Luxeuil (Haute-Saône). Paris, 1862, in-8, 200 pages.............. 3 fr.

DELMAS (Paul). Étude pratique de l'Hydrothérapie. Paris, 1867, in-8, 144 pages.. 3 fr.

DESBREST (Ém.). Nouvelles recherches sur les propriétés physiques, chimiques et médicinales des Eaux de Chateldon. Moulins, 1839, in-8, 92 pages...................... 2 fr.

DUCHANOY. Essai sur l'art d'imiter les Eaux minérales. Paris, 1780, in-12, xxix-402 p., avec 1 planche.......... 2 fr.

DUMOULIN (Auguste). De l'action reconstituante des Eaux de Salins. Paris, 1865, in-8...................... 2 fr. 50

DUPASQUIER (Alph.) Mémoire sur la construction et l'emploi du sulfhydromètre. Paris, 1841, in-8, 40 pages.... 2 fr. 50

— Des Eaux de source et des Eaux de rivière. Lyon, 1840, in-8.. 7 fr. 50

DURAND-FARDEL (Max.). Des Eaux de Vichy. Paris, 1851, in-8, 236 p.. 3 fr. 50

DUVAL (Vincent). Manuel du baigneur à Plombières. Paris, 1850, in-12.. 2 fr.

FAURÉ (J.-J.). Analyse chimique des Eaux du département de la Gironde. Bordeaux, 1853, in-8, 200 pages.......... 3 fr.

FONTAN (J.-P.-A.). Recherches sur les Eaux minérales des Pyrénées. 2e édition. Paris, 1853, in-8, avec 5 pl..... 7 fr.

FOURCROY et DELAPORTE. Analyse chimique de l'Eau sulfureuse d'Enghien. Paris, 1788, in-8, 386 pages (4 fr.). 2 fr.

GAGO (J. Nunez). Tratado phyzico-chimico-medico das aguas das Caldas du Rainha. Lisboa, 1779, in-12, 290 pages.   3 fr.

GANDERAX (Ch.). Recherches sur les propriétés des Eaux minérales de Bagnères-de-Bigorre. Paris, 1827, in-8, 684 pages avec 3 pl. rel..................................   3 fr.

GARRIGOU. Étude chimique et médicale des Eaux sulfureuses d'Ax (Ariége). Paris, 1862, in-8, 244 pages..........   5 fr.

GASTÉ (L.-F.). Essai sur les bains de Marie-Thérèse. La Rochelle, 1829, in-8, 118 pages......................   2 fr.

GAUDIN (C.). Vichy au point de vue de l'hygiène et du traitement. Paris, 1867, in-18 jésus de 173 pages........   2 fr. 50

GAUTIER (A.). Étude des Eaux potables. Paris, 1862, in-8, 248 pages..   2 fr.

GERDY (Vulfranc). Études sur les Eaux minérales d'Uriage, près Grenoble (Isère). Paris, 1849, in-8, 428 p. avec 1 pl.   5 fr.

GERMOND DELAVIGNE. La législation des Eaux minérales en France. Paris, 1872, in-8.......................   2 fr.

GIGOT-SUARD. Des climats sous le rapport hygiénique et médical. Guide pratique dans les régions du globe les plus propices à la guérison des maladies chroniques. France, Suisse, Italie, Algérie, Egypte, Espagne, Portugal. Paris, 1864, in-18 jésus, xxi-607 pages avec 1 pl. lith................   3 fr.

— Revue médicale des Eaux minérales de Cauterets (Hautes-Pyrénées). Première année, 1864. Paris, 1864, grand in-8, 72 pages.......................................   2 fr.

— Précis descriptif, théorique et pratique sur les Eaux minérales de Cauterets (Hautes-Pyrénées). 2e édition. Paris, 1869, 1 vol. in-18, 135 pages.........................   1 fr. 50

— Cauterets. (Hautes-Pyrénées). Etudes médicales et scientifiques sur les Eaux de cette station thermale. Paris, 1866, in-8, 246 pages..   5 fr.

— L'herpétisme. Paris, 1870, gr. in-8 de viii-468 pages.   8 fr.

GIRARD (J.-T.-F.). Des caractères et du choix des eaux potables. Paris, 1863, in-4 de 94 pages...................   2 fr.

GLOVER (R.-M.). On mineral Waters. London, 1857, in-8, xii-376 p...   12 fr. 50

GRELLOIS (E.). Études sur les Eaux minérales de Sierck. Paris, 1859, in-18, 106 pages.........................   2 fr.

GROS-JEAN (A.). Nouvel essai sur les Eaux minérales de Plombières. Nancy, 1802, in-8, 96 p...................   2 fr. 50

GUÉRARD (A.). Rapport général sur le service médical des Eaux minérales de la France, 1853, 1857, 1864. 3 parties. Paris, 1856-1867, in-4.......................... 6 fr.

HÉDOUIN. Des Eaux de Saint-Sauveur. Paris, 1858, in-8, 99 pages.. 3 fr

HERNY (O.) et l'HÉRITIER (D.). Hydrologie de Plombières. Paris, 1855, in-8, 154 pages avec 1 planche (3 fr. 50).   2 fr. 50

HERNY (O.), RACLE (Ch.) et ALLARD. Guide médical aux Eaux sulfureuses thermales de Saint-Honoré les Bains (Nièvre). Nevers, 1857, in-12, 145 pages avec 1 plan............ 3 fr.

HERPIN (J.-Ch.). Du Raisin et de ses applications thérapeutiques. Études sur la médication des raisins connue sous le nom de Cure aux raisins ou ampélothérapie. Paris, 1865, in-18 jésus, 362 pages...................... 3 fr. 50

— De l'acide carbonique. Paris, 1864, in-18, xii-564 pages avec fig.................................. 6 fr.

HIRSCHEL (Bernhard). Hydriatica. Leipzig, 1840, in-8, 216 pages.. 3 fr.

JUTIER (P.) et LEFORT (J.). Études sur les Eaux minérales et thermales de Plombières. Paris, 1852, gr. in-8, 230 p. 4 fr. 50

LACAZE (B.-D.). Étude sur les Eaux minéro-thermales de Rouzat (Puy-de-Dôme). Paris, 1863, in-8, 95 pages....... 2 fr.

LAURE (J. d'Hyères). L'Eau d'Allevard et les stations d'hiver au point de vue des maladies des poumons, 2e édition. Paris, 1860, in-8, 128 pages............................ 2 fr.

LECONTE. Études chimiques et physiques sur les Eaux thermales de Luxeuil. Paris, 1862, in-8, 184 pages....... 3 fr. 50

LECOQ (H.). Eléments de géologie et d'hydrographie. Paris, 1838, 2 vol. in-8 avec 8 planches (15 fr.)........... 5 fr.

LEE (Edwin). Nice et son climat. 3e édit. Paris, 1867, in-18 jésus, 168 pages.. 2 fr. 50

MARCHAND (E.). Des eaux potables en général. Paris, 1855, in-4 de 204 pages avec 1 carte coloriée............ 6 fr.

MASCAREL (J.). Les Eaux thermales du Mont-Dore, dans leurs applications à la thérapeutique médicale. Paris, 1869, 1 vol. in-8 de 171 pages............................. 3 fr. 50

MUNDE (Ch.). Hydrothérapeutique, ou l'Art de prévenir et de guérir les maladies, sans le secours des médicaments, par l'eau, la sueur, le bon air, l'exercice, le régime et le genre de vie. Paris, 1842, gr. in-18, 424 p. (4 fr. 50)...... 2 fr.

PATISSIER (Ph.). Rapport sur le service médical des établissements thermaux en France, pour les années 1849 et 1850. Paris, 1852, in-4, 205 pages...................... 4 fr. 50

PÉGOT (Marc). Essai clinique sur l'action des Eaux thermales sulfureuses de Bagnères-de-Luchon, dans le traitement des accidents consécutifs de la syphilis. Toulouse, 1854, in-8, 170 p. avec 2 plans.......................... 3 fr. 50

PETIT (Ch.). Du mode d'action des Eaux minérales de Vichy et de leurs applications thérapeutiques, particulièrement dans les affections chroniques des organes abdominaux, la gravelle et les calculs urinaires, la goutte et le diabète sucré. Paris, 1850, in-8, 504 pages........................ 5 fr.

— Nouvelles observations de guérisons de calculs urinaires au moyen des Eaux thermales de Vichy. Paris, 1837, grand in-8, 104 p. avec 5 pl........................ 2 fr. 50

PORGES (G.). Carlsbad, ses Eaux thermales. Analyse physiologique de leurs propriétés curatives et de leur action spécifique sur le corps humain. Paris, 1858, in-8, 244 pages.... 4 fr.

SCOUTETTEN (H.). De l'électricité considérée comme cause principale de l'action des Eaux minérales sur l'organisme. Paris, 1864, in-8, 420 pages avec figures........... 6 fr.

TURCK (L.). Du mode d'action des Eaux minéro-thermales de Plombières. 4e édit. Paris, 1847, in-8, 284 pages..... 4 fr.

CORBEIL. — Typ. et stér. de CRÉTÉ FILS.